ALEXANDRE ANTUNES

NELSON SANTOS

TREINAMENTO EM QUÍMICA

MONBUKAGAKUSHO

Treinamento em Química – Monbukagakusho
Copyright© Editora Ciência Moderna Ltda., 2012

Todos os direitos para a língua portuguesa reservados pela EDITORA CIÊNCIA MODERNA LTDA.

De acordo com a Lei 9.610, de 19/2/1998, nenhuma parte deste livro poderá ser reproduzida, transmitida e gravada, por qualquer meio eletrônico, mecânico, por fotocópia e outros, sem a prévia autorização, por escrito, da Editora.

Editor: Paulo André P. Marques
Supervisão Editorial: Aline Vieira Marques
Assistente Editorial: Laura Santos Souza
Capa: Carlos Arthur Candal

Várias **Marcas Registradas** aparecem no decorrer deste livro. Mais do que simplesmente listar esses nomes e informar quem possui seus direitos de exploração, ou ainda imprimir os logotipos das mesmas, o editor declara estar utilizando tais nomes apenas para fins editoriais, em benefício exclusivo do dono da Marca Registrada, sem intenção de infringir as regras de sua utilização. Qualquer semelhança em nomes próprios e acontecimentos será mera coincidência.

FICHA CATALOGRÁFICA

SANTOS, Nelson Nascimento Silva; ANTUNES, Alexandre da Silva

Treinamento em Química – Monbukagakusho

Rio de Janeiro: Editora Ciência Moderna Ltda., 2012.

1. Química.
I — Título
ISBN: 978-85-399-0197-5   CDD 540

Editora Ciência Moderna Ltda.
R. Alice Figueiredo, 46 – Riachuelo
Rio de Janeiro, RJ – Brasil   CEP: 20.950-150
Tel: (21) 2201-6662/ Fax: (21) 2201-6896
E-MAIL: LCM@LCM.COM.BR
WWW.LCM.COM.BR

DEDICATÓRIA (NELSON PARA HELENA)

PARA HELENA,

mulher que o SENHOR me concedeu como minha Rebeca, e que é merecedora desta palavra:

Mulher virtuosa, quem a achará? O seu valor muito excede o de finas jóias.
O coração de seu marido confia nela, e não haverá falta de ganho.
Ela lhe faz bem e não mal, todos os dias da sua vida.

...

Enganosa é a graça, e vã, a formosura, mas a mulher que teme ao SENHOR, essa será louvada.

Provérbios 31:10–12 e 30

ESTE LIVRO É DEDICADO.

DEDICATÓRIA (ALEXANDRE PARA CLAU)

Quando escrevo, penso nas (pré)concepções do leitor em formação.

Faço isto influenciado pelos anos de interação com meus alunos. Dessa forma, um livro com fins didáticos sempre nasce dedicado ao aluno-leitor.

Mas, por outro lado, esse tipo de escrita, inédita para mim, exigiu tempo e dedicação, me ofereceu certa insegurança (por que não?) e satisfação.

Sensações que foram intimamente compartilhadas com CLAU, minha mulher e companheira.

Dedico a você, CLAU da minha vida, não apenas as sutilezas da existência humana, mas as linhas que se seguem, pois tiveram seu apoio, carinho, compreensão, presença...

PALAVRAS PARA NOSSAS VIDAS

O Senhor me respondeu e disse: Escreve a visão, grava-a sobre tábuas, para que a possa ler até quem passa correndo.

Habacuque 2:2

O Espírito do Senhor Deus está sobre mim, porque o Senhor me ungiu para pregar boas-novas aos quebrantados, enviou-me a curar os quebrantados de coração, a proclamar libertação aos cativos e a por em liberdade os algemados; a apregoar o ano aceitável do Senhor e o dia da vingança do nosso Deus; a consolar todos os que choram e a por sobre os que em Sião estão de luto uma coroa em vez de cinzas, óleo de alegria, em vez de pranto, veste de louvor, em vez de espírito angustiado; a fim de que se chamem carvalhos de justiça, plantados pelo Senhor para a sua glória.

Isaías 61:1–3

O pardal encontrou casa,
e a andorinha, ninho para si,
onde acolha os seus filhotes;
eu, os teus altares, Senhor dos Exércitos,
Rei meu e Deus meu!

Salmos 84:3

Ainda que a figueira não floresça, nem haja fruto na vide; o produto da oliveira minta, e os campos não produzam mantimento; as ovelhas sejam arrebatadas do aprisco, e nos currais não haja gado, todavia, eu me alegro no Senhor, exulto no Deus da minha salvação.
O Senhor Deus é a minha fortaleza, e faz os meus pés como os da corça, e me faz andar altaneiramente.

Habacuque 3:17–19

Eis que estou à porta e bato; se alguém ouvir a minha voz e abrir a porta, entrarei em sua casa e cearei com ele, e ele comigo. Ao vencedor, dar-lhe-ei sentar-se comigo no meu trono, assim como também eu venci e me sentei com meu Pai no seu trono. Quem tem ouvidos, ouça o que o Espírito diz às igrejas.

Apocalipse 3:20 – 22

E O TEMPO PASSOU...

Pietro Longhi • *cerca de 1757* • **O Alquimista**

Pietro Longui *(Veneza, 1701 – 1785), pintor e desenhista italiano.
Óleo sobre tela, 50 cm × 60 cm.
Vale observar a vidraria e os símbolos químicos no caderno no chão.
A Alquimia durou (talvez) mais do que pensamos...*

前書き – Prefácio Pastoral

Este livro foi feito para as pessoas que gostam das palavras: dedicação, perseverança, disciplina, vitória, sucesso e realização, pois ele fornece o treinamento necessário ao estudioso leitor que pretende se preparar para os maiores desafios na área de Química.

Qual a diferença deste livro de Química para os outros?

Justamente o treinador, o técnico, aquele que aplicou a sabedoria dele nessa área e elaborou este livro com o intuito de fornecer as orientações necessárias para você ser um campeão.

Existem vários tipos de treinadores e em diversas modalidades da vida: Nelson Santos escolheu a Química e exerce o magistério há 41 anos de forma apaixonada e exemplar, ajudando a transformar os sonhos de diversos jovens em realidade, afinal muitos dos seus alunos já passaram em concursos no Brasil e no exterior.

Além disso, o Professor Nelson torce, clama e intercede pela sua vitória diante do Pai Celestial. E eu aprendi que dedicação ao extremo e oração não faz mal a ninguém: pelo contrário, abre portas para o triunfo.

A disciplina nos estudos me levou de Cametá • PA (onde nasci) para Pirassununga • SP. Os anos se passaram... Então ouvi uma frase e resolvi acreditar nela: *"Deus faz muito mais do que pedimos ou pensamos"*. Logo após, Deus alargou as minhas fronteiras e me levou, até agora, a 42 países.

Perseverança no seu objetivo e uma apaixonante fé em Deus vão lhe levar muito longe, pois está escrito que *nem olhos viram, nem ouvidos ouviram, e nem penetrou no coração do homem, aquilo que Deus tem preparado para os que o amam.*

Utilize bem esta ferramenta de estudo, e que Deus o abençoe nos seus projetos.

João Batista Cavalcante Júnior
Ten Cel Aviador da Força Aérea Brasileira

NOTA DE NELSON SANTOS:

O Ten Cel Av Cavalcante cursou a Academia da Força Aérea no período de 1988 a 1991; Direito na Universidade Federal do Pará no período de 1994 a 1998; Curso de Planejamento Estratégico na Escola Nacional de Administração Pública em 2005; Pós-graduação em Comunicação Social no Exército Brasileiro em 2006 e MBA em Logística na Universidade Federal Fluminense em 2010. Atualmente comanda o Primeiro Esquadrão de Transporte Aéreo.
É Pastor Pleno na Comunidade Cristã Ministério da Fé.

Sua vida é um testemunho vivo de que as Forças Armadas, a Aviação, o Direito, o Planejamento Estratégico, a Comunicação Social, a Logística, o Comando e o serviço na Igreja do Senhor Jesus Cristo não são incompatíveis, mas complementares.

前書き – PREFÁCIO DE UM EX-ALUNO

É com muito orgulho que me sento aqui agora para escrever um prefácio para este livro. Quando recebi o convite do mestre Nelson, chegou a me percorrer um frio na espinha. Realmente, receber um convite desses de uma pessoa tão genial como ele, não é algo que aconteça todos os dias.

O Nelson não apenas é um professor sensacional, apaixonado pelo seu trabalho e principalmente apaixonado pela Química, como também é uma pessoa incrivelmente simpática e bem-humorada. Essa combinação de qualidades é o que faz com que suas aulas sejam tão divertidas e prazeirosas de se assistir, e ao mesmo tempo tenham um conteúdo de um nível tão alto. Posso dizer com toda a certeza do mundo que as aulas do Nelson estão entre as melhores aulas que eu já tive na vida.

No entanto, o maior ensinamento que eu aprendi através do mestre Nelson não diz respeito à Química. Ele me ensinou algo tão importante que, de certa forma, eu considero o meu objetivo como profissional, embora o próprio Nelson talvez nem esteja ciente disso. O que eu aprendi com o mestre nos quatro anos durante os quais tive a honra de ser seu aluno foi que "Pessoas bem-sucedidas também são *gente como a gente*".

Durante a minha época de IME-ITA, eu acreditava que pessoas de sucesso (como os professores que nos davam aulas, ou os alunos antigos que já haviam passado nos concursos aos quais eu aspirava) viviam apenas em função do trabalho ou do estudo, e que de certa forma faziam parte de um mundo diferente do resto das pessoas. Mas o mestre Nelson não era assim. O mesmo professor que num momento estava explicando conceitos avançadíssimos de equilíbrio iônico, era o sujeito que minutos depois estaria tomando um guaraná com os alunos e discutindo Harry Potter.

Com isso eu entendi que é possível ao mesmo tempo ser um profissional dedicado e eficiente sem deixar de ser uma pessoa simples, humilde e que possui os seus *hobbies* como qualquer um. Acredito que justamente essa humildade e simpatia do mestre sejam as fontes de seu sucesso, e o que o faz um espelho do profissional que eu pretendo me tornar um dia.

E essas características do Nelson o fazem a pessoa mais indicada a escrever um livro como esse, na minha opinião. A forma como o mestre conduz as suas aulas, resolvendo as questões item por item, aliada à grande empatia que ele tem em entender as dúvidas dos alunos, foi passada de forma excelente para este livro.

Eu tive a sorte de conhecer o concurso do MONBUSHO depois de já ser aluno do mestre durante alguns anos, e posso dizer que a forma de encarar as questões que nos foi ensinada por ele foi a chave do meu bom desempenho na prova, o que posteriormente levaria à minha aprovação no concurso, e que por sua vez me daria a oportunidade de conhecer essa terra incrível que é o Japão.

Estudar no exterior sem dúvida é uma experiência indescritível. A oportunidade de conversar com pessoas de diferentes lugares, com diferentes histórias de vida, com diferentes visões de mundo, traz um entendimento muito maior do mundo no qual vivemos, e em particular, traz uma compreensão muito melhor sobre a nossa vida no Brasil e a forma como somos vistos no exterior. Mas sobretudo traz uma mudança enorme sobre como nós brasileiros vemos a nós mesmos, pois é consideravelmente diferente a forma como vemos o nosso país quando olhamos "de fora".

Especificamente, estudar no Japão é algo único. A cultura oriental como um todo é muito diferente de tudo a que estamos acostumados. Tudo no Japão é feito de forma diferente do resto do mundo, o que nos dá a oportunidade de repensar a nossa forma de viver, e assimilar as coisas boas que essa cultura, tão desconhecida para nós, tem a oferecer.

No início, a aventura de vir morar do outro lado do mundo, longe da família e dos amigos, num lugar cuja cultura você não conhece, cujo idioma você não fala, cujo pensamento você não entende, pode parecer algo intimidador, mas é uma experiência que traz um crescimento pessoal tão grande que no final você se pergunta por que demorou tanto tempo para conhecer. Na minha opinião, a superação dessas dificuldades é um dos grandes diferenciais dos profissionais com experiência no exterior.

Estudar no exterior (sobretudo no Japão) é uma oportunidade que eu gostaria que todos tivessem. Espero que esse livro ajude a todos que têm esse objetivo. E se Deus assim o permitir, estarei aqui com sushi e saquê prontos para receber os novos alunos. Boa preparação a todos.

JORGE H. DOS S. CHERNICHARO
aprovado no concurso do MONBUSHO em 2006, atualmente na TOHOKU UNIVERSITY

INTRODUÇÃO

Encorajado pelo sucesso e pela longevidade de meus livros **Problemas de Físico-Química – IME • ITA • Olimpíadas** e **Treinamento em Química – IME • ITA • Unicamp**, decidi escrever mais um livro da série **Treinamento**, para proporcionar aos candidatos ao IME, ao ITA e às diversas Olimpíadas de Química realizadas no Brasil uma oportunidade de verificação e aperfeiçoamento de sua preparação. Afinal, o homem se mede quando se confronta com obstáculos.

Para tal empreitada, convidei meu amigo de longa data, o professor **ALEXANDRE ANTUNES**, para assumir a resolução das questões de Química Orgânica – seus conhecimentos e sua didática simples e direta são um grande reforço para este trabalho.

Nossa escolha recaiu sobre as provas do **MONBUKAGAKUSHO**, que primam pela originalidade e pelo bom nível de suas questões. Realizadas anualmente, apresentam dois tipos: COLLEGE OF TECHNOLOGY STUDENTS e UNDERGRADUATED STUDENTS. As questões são apresentadas em inglês (como no original), e as soluções, em português.

Assim, reunimos as questões das provas do **MONBUSHO** dos dois tipos, desde o ano de 2006 até o ano de 2010. Estas **130 questões** estão aqui, separadas em capítulos correspondentes aos tópicos do programa brasileiro de Ensino Médio, totalmente resolvidas. Não nos limitamos a fornecer gabaritos – fornecemos soluções completas, didaticamente explicadas.

Mesmo que você não vá se candidatar a uma bolsa do Governo Japonês, irá aproveitar muito com estas questões, particularmente interessantes em Físico-Química e em Química Orgânica.

Agora que você decidiu fazer uma preparação de alto nível para uma prova de Química desafiadora, eu tenho uma palavra para você.

Vamos falar sobre desafio e vitória. Tenho a mais absoluta certeza de que você conhece a história bíblica de Davi e Golias. A Bíblia não cita que o filisteu Golias, do alto de seus seis côvados e um palmo, tenha matado algum hebreu. Ah, mas como ele ameaçava, como ele afrontava! E Davi? Um jovem como você. Mas Davi não enfrentou Golias na força do seu braço: ele se apoiou na força do Deus vivo!

Tu vens contra mim com espada, e com lança, e com escudo; eu, porém, vou contra ti em nome do SENHOR *dos Exércitos, o Deus dos exércitos de Israel, a quem tens afrontado.* (1 Samuel 17:45)

As armas de Davi eram da parte de seu Deus, e isso lhe dava confiança da vitória.

Você sabe o que significa entusiasmo? A palavra entusiasmo tem origem grega. Vem de **en Theos mos**, ou seja, **ter Deus dentro**. Deve ser por isso que as pessoas entusiasmadas pela vida, pelo trabalho e por aprender parecem irradiar uma certa luz... Davi tinha Deus dentro!

Eu não sei qual é o seu Ameaçador, qual é o seu Golias. O que sei é que você chegou até aqui, fez seu trabalho, fez seu sacrifício (não há vitória sem sacrifício), deu seu melhor esforço pessoal com todo o entusiasmo (**Theos**!!!)

Qual é o seu Golias: o IME? o ITA? uma Olimpíada? O Monbukagakusho? Se você tem entusiasmo, tem Deus dentro de você, **sua é a vitória**. Permita-me citar Filipenses 4:13:

... TUDO POSSO NAQUELE QUE ME FORTALECE.

NELSON SANTOS

P.S. Preciso escrever uma palavra final. Neste tempo em que se veiculam segredos para a vida, segredos para a saúde, segredos para o sucesso, segredos para desvendar o segredo, a palavra de Deus tem o segredo para a vitória em qualquer área de sua vida. Quem no-lo revelou foi Paulo, em sua epístola aos colossenses:

Tudo quando fizerdes, fazei-o de todo o coração, como para o SENHOR *e não para homens.*

COLOSSENSES 3:23

DADOS ÚTEIS

CONSTANTES

$$\text{Constante de Avogadro} = 6{,}02 \times 10^{23} \text{ mol}^{-1}$$

$$\text{Constante de Faraday (F)} = 9{,}65 \times 10^{4} \text{ C mol}^{-1}$$

$$\text{Volume molar de gás ideal} = 22{,}4 \text{ L (CNTP)}$$

$$\text{Carga elementar} = 1{,}602 \times 10^{-19} \text{ C}$$

$$\text{Constante dos gases (R)} = \begin{cases} 8{,}21 \times 10^{-2} \text{ atm·L·mol}^{-1}\text{·K}^{-1} \\ 8{,}314 \text{ J·mol}^{-1}\text{·K}^{-1} \\ 62{,}36 \text{ mmHg·L·mol}^{-1}\text{·K}^{-1} \\ 62{,}36 \text{ mmHg·L·mol}^{-1}\text{·K}^{-1} \end{cases}$$

$$\text{Constante de Planck (h)} = 6{,}626 \times 10^{-34} \text{ J·s}$$

$$\text{Velocidade da luz (c)} = 3{,}00 \times 10^{8} \text{ m·s}^{-1}$$

$$K_c(H_2O) = 1{,}86 \text{ °C·kg·mol}^{-1}$$

$$K_E(H_2O) = 0{,}513 \text{ °C·kg·mol}^{-1}$$

CONVERSÕES

$$1 \text{ Å} = 10^{-10} \text{ m}$$

$$1 \text{ atm} = \frac{101325 \text{ Pa}}{760 \text{ mmHg}}$$

$$1 \text{ cal} = 4{,}184 \text{ J}$$

$$T(K) = T(C) + 273{,}15$$

DEFINIÇÕES

Condições normais de temperatura e pressão (CNTP): 0 °C e 760 mmHg.

Condições ambientes: 25 °C e 1 atm.

Condições-padrão: 25 °C, 1 atm, concentração das soluções: 1 mol·L^{-1} (rigorosamente: atividade unitária das espécies), sólido com estrutura cristalina mais estável nas condições de pressão e temperatura em questão.

Abreviaturas: (s) ou (c) = sólido cristalino; (ℓ) = líquido; (g) = gás; (aq) = aquoso; (graf) = grafite; (CM) = circuito metálico; (conc) = concentrado; (ua) = unidades arbitrárias; [A] = concentração da espécie química A em mol·L^{-1}.

FÓRMULAS

v	=	λf
ΔE	=	$\Delta m\ c^2$
E	=	$h f$
ΔG	=	$\Delta H - T\ \Delta S$
ΔG°	=	$R\ T \ln K$ $-n\ F\ E°$

TABELAS ÚTEIS

POTENCIAIS DE IONIZAÇÃO DOS 20 PRIMEIROS ELEMENTOS (KJ/MOL)

	Primeiro	Segundo	Terceiro	Quarto	Quinto	Sexto	Sétimo	Oitavo
H	1312							
He	2371	5247						
Li	520	7297	11810					
Be	900	1757	14840	21000				
B	800	2430	3659	25020	32810			
C	1086	2352	4619	6221	37800	47300		
N	1402	2857	4577	7473	9443	53250	64340	
O	1314	3391	5301	7468	10980	13320	71300	84050
F	1681	3375	6045	8418	11020	15160	17860	92000
Ne	2080	3963	6276	9376	12190	15230	–	–
Na	495,8	4565	6912	9540	13360	16610	20110	25490
Mg	737,6	1450	7732	10550	13620	18000	21700	25660
Aℓ	577,4	1816	2744	11580	15030	18370	23290	27460
Si	786,2	1577	3229	4356	16080	19790	23780	29250
P	1012	1896	2910	4954	6272	21270	25410	29840
S	999,6	2260	3380	4565	6996	8490	28080	31720
Cℓ	1255	2297	3850	5146	6544	9330	11020	33600
Ar	1520	2665	3947	5770	7240	8810	11970	13840
K	418,8	3069	4600	5879	7971	9619	11380	14950
Ca	589,5	1146	4941	6485	8142	10520	12350	13830

Afinidades Eletrônicas para os Elementos Representativos (kJ/mol)

1	2	13	14	15	16	17
H −73						
Li −60	Be ≈+100	B −27	C −122	N ≈+9	O −141	F −328
Na ≈−53	Mg ≈+30	Aℓ −44	Si −134	P −72	S −200	Cℓ −348
K ≈−48	Ca −	Ga −30	Ge −120	As −77	Se −195	Br −325
Rb ≈−47	Sr −	In −30	Sn −121	Sb −101	Te −190	I −295
Cs −45	Ba −	Tℓ −30	Pb −110	Bi −110	Po −183	At −270

Valores positivos significam que o processo $A(g) + e^- \rightarrow A^-(g)$ é endotérmico.

Tabela Periódica dos Elementos

Legenda:
- número atômico
- **Símbolo**
- massa atômica

1	2	3	4	5	6	7	8	9	10	11	12	13	14	15	16	17	18
1 **H** 1,00794																	2 **He** 4,002602
3 **Li** 6,941	4 **Be** 9,012182											5 **B** 10,811	6 **C** 12,0107	7 **N** 14,0067	8 **O** 15,9994	9 **F** 18,998403	10 **Ne** 20,1797
11 **Na** 22,989769	12 **Mg** 24,3050											13 **Al** 26,981539	14 **Si** 28,0855	15 **P** 30,973762	16 **S** 32,065	17 **Cl** 35,453	18 **Ar** 39,948
19 **K** 39,0983	20 **Ca** 40,078	21 **Sc** 44,955912	22 **Ti** 47,867	23 **V** 50,9415	24 **Cr** 51,9961	25 **Mn** 54,938045	26 **Fe** 55,845	27 **Co** 58,933195	28 **Ni** 58,6934	29 **Cu** 63,546	30 **Zn** 65,409	31 **Ga** 69,723	32 **Ge** 72,64	33 **As** 74,92160	34 **Se** 78,96	35 **Br** 79,904	36 **Kr** 83,798
37 **Rb** 85,4678	38 **Sr** 87,62	39 **Y** 88,90585	40 **Zr** 91,224	41 **Nb** 92,90638	42 **Mo** 95,94	43 **Tc** [98]	44 **Ru** 101,07	45 **Rh** 102,90550	46 **Pd** 106,42	47 **Ag** 107,8682	48 **Cd** 112,41	49 **In** 114,818	50 **Sn** 118,710	51 **Sb** 121,760	52 **Te** 127,60	53 **I** 126,90447	54 **Xe** 131,293
55 **Cs** 132,90545	56 **Ba** 137,327	57 – 71 lantanídeos	72 **Hf** 178,49	73 **Ta** 180,94788	74 **W** 183,84	75 **Re** 186,207	76 **Os** 190,23	77 **Ir** 192,917	78 **Pt** 195,084	79 **Au** 196,96657	80 **Hg** 200,59	81 **Tl** 204,3833	82 **Pb** 207,2	83 **Bi** 208,98040	84 **Po** [209]	85 **At** [210]	86 **Rn** [222]
87 **Fr** [223]	88 **Ra** [226]	89 – 103 actinídeos	104 **Rf** [261]	105 **Db** [262]	106 **Sg** [266]	107 **Bh** [264]	108 **Hs** [277]	109 **Mt** [268]	110 **Ds** [271]	111 **Rg** [272]	112 **Cn** [285]						

Lantanídeos

57 **La** 138,90547	58 **Ce** 140,116	59 **Pr** 140,90765	60 **Nd** 144,242	61 **Pm** [145]	62 **Sm** 150,36	63 **Eu** 151,964	64 **Gd** 157,25	65 **Tb** 158,92535	66 **Dy** 162,500	67 **Ho** 164,93032	68 **Er** 167,259	69 **Tm** 168,93421	70 **Yb** 173,04	71 **Lu** 174,967

Actinídeos

89 **Ac** [227]	90 **Th** 232,03806	91 **Pa** 231,03588	92 **U** 238,02891	93 **Np** [237]	94 **Pu** [244]	95 **Am** [243]	96 **Cm** [247]	97 **Bk** [247]	98 **Cf** [251]	99 **Es** [252]	100 **Fm** [257]	101 **Md** [258]	102 **No** [259]	103 **Lr** [262]

Dados de acordo com a IUPAC PERIODIC TABLE OF THE ELEMENTS, versão de 19 de fevereiro de 2010.

TABELA DE SOLUBILIDADE EM ÁGUA

	brometo Br^-	carbonato CO_3^{2-}	cloreto $C\ell^-$	dicromato $Cr_2O_7^{2-}$	hidróxido OH^-	nitrato NO_3^-	fostato PO_4^{3-}	sulfato SO_4^{2-}	sulfeto S^{2-}
alumínio $A\ell^{3+}$	S	X	S	I	I	S	I	S	X
amônio NH_4^+	S	S	S	S	S	S	S	S	X
cádmio Cd^{2+}	S	I	S	X	I	S	I	S	I
cálcio Ca^{2+}	S	I	S	I	I	S	I	LS	I
chumbo (II) Pb^{2+}	I	I	I	X	I	S	I	I	I
cobre (II) Cu^{2+}	S	X	S	I	I	S	I	S	I
ferro (II) Fe^{2+}	S	I	S	I	I	S	I	S	I
ferro (III) Fe^{3+}	S	X	S	I	I	S	I	LS	I
magnésio Mg^{2+}	S	I	S	I	I	S	I	S	I
potássio K^+	S	S	S	S	S	S	S	S	S
prata Ag^+	I	I	I	I	X	S	I	LS	I
sódio Na^+	S	S	S	S	S	S	S	S	S
zinco Zn^{2+}	S	I	S	I	I	S	I	S	I

LEGENDA	
S	*solúvel*
I	*insolúvel*
LS	*levemente solúvel*
x	*algum problema*

CONVITE...

Conteúdo

00 •	Estudar Melhor ...	1
01 •	Aspectos Macroscópicos ...	7
02 •	Estrutura Atômica ...	9
03 •	Tabela Periódica ...	11
04 •	Ligações Químicas ...	13
05 •	Reações Químicas ...	15
06 •	Relações Numéricas ...	19
07 •	Estudo dos Gases ...	21
08 •	Estequiometria ...	23
09 •	Soluções ...	25
10 •	Estequiometria de Soluções ...	27
11 •	Propriedades Coligativas das Soluções ...	29
12 •	Termoquímica • Termodinâmica Química ...	31
13 •	Cinética Química • Equilíbrio Químico ...	33
14 •	Equilíbrio Iônico ...	37
15 •	Eletroquímica ...	39
16 •	Funções Orgânicas ...	45
17 •	Isomeria ...	51
18 •	Reações Orgânicas ...	53
	Gabaritos & Soluções ...	65
	Apêndice SI ...	163
	Bibliografia ...	173

2011 Ano Internacional da Química

*No ano de 2011 comemora-se o 100º aniversário do Prêmio Nobel de Química para **Marie Sklodowska Curie**, o que, de acordo com os organizadores do Ano Internacional da Química, motivará uma celebração pela contribuição das mulheres à ciência.*

Marie Sklodowska Curie recebeu dois prêmios Nobel: em 1903, o Nobel de Física, compartilhado com Antoine Henri Becquerel e Pierre Curie, por pesquisas sobre o fenômeno da radioatividade espontânea; e em 1911, o Nobel de Química, pela descoberta dos elementos rádio (Z = 88) e polônio (Z = 84).

Nada na vida deve ser temido, somente compreendido. Agora é hora de compreender mais para temer menos.

Marie Curie

00

Estudar Melhor

Este texto foi adaptado a partir de trabalhos do professor Hans Kurt Edmund Liesenberg, do Instituto de Computação da Unicamp.

Introdução

O objetivo deste texto é oferecer sugestões para um melhor aproveitamento de seu estudo. Aqui relacionamos alguns itens que julgamos importantes para quem se prepara para um concurso, no que diz respeito à *metodologia a ser adotada*, para um bom acompanhamento dos conteúdos necessários. A importância dos itens irá variar de acordo com a personalidade de cada um e a natureza do assunto a ser estudado.

O aspecto básico é que o preparo para um concurso é um empreendimento bastante sério, e que envolve muito *mais que simplesmente executar regularmente os trabalhos solicitados*. Espera-se que um candidato dedique parte significativa de seu tempo e energia aos estudos e atividades diretamente relacionadas a eles. As aulas não costumam esgotar todos os assuntos, mas pretendem expor conceitos fundamentais, com o objetivo de facilitar o estudo individual posterior. Desta forma, o comparecimento às aulas deve ser necessariamente complementado por estudo individual. Embora o candidato tenha responsabilidade sobre seu estudo, sempre haverá ajuda para aqueles que tenham maiores dificuldades. Os professores estão à disposição para discutir estas dificuldades com relação a aspectos de sua preparação.

É muito importante também estar atento às múltiplas formas de aprendizado extra-classe existentes. A frequência à bibliotecas, os recursos da Internet e a pesquisa ilustram algumas das muitas possibilidades de aquisição de conhecimentos.

Distribuição de Tempo

O problema central no preparo para um concurso é que *"existe muito a ser feito em pouco tempo"*. Portanto, falhas nos métodos de estudo devem ser retificadas o mais breve possível. Não é suficiente somente colocar o estudo em horas regulares previamente definidas. É preciso ter certeza de que o tempo está sendo bem utilizado.

Organização do Estudo

1. Tempo de estudo

Analise quanto do tempo de estudo é realmente produtivo. Pergunte a si mesmo: *Estou realmente aprendendo e raciocinando, ou somente esperando o tempo passar? Estou desperdiçando tempo fazendo uma interminável lista do que deve ser estudado em ocasiões futuras ou "passando a limpo" notas de aula sem pensar no que escrevo?* Tome cuidado em não ficar satisfazendo a consciência com uma série de atividades desnecessárias, que ocupam o tempo, nos livram do esforço de pensar e não são produtivas em vista do objetivo almejado.

2. Planejamento do trabalho

Planeje o trabalho a ser cumprido nas horas reservadas para o estudo durante a semana e o mês de modo a estar certo de que foi alocado o tempo necessário para cada assunto. *Dê prioridade às atividades mais importantes ou mais difíceis.* O tempo de estudo deve ser arranjado de modo que os assuntos que necessitem um estudo mais cuidadoso ou uma atenção especial sejam feitos em primeiro lugar, quando ainda se está com a "cabeça fria".

3. Descanso

Reserve tempo adequado para um intervalo de descanso. Estudar quando se está cansado é "anti-econômico": uns poucos minutos de descanso possibilitam aproveitar muito melhor as próximas horas de estudo. Outro perigo é o inverso, ou seja, períodos frequentes de descanso para pouco tempo de estudo.

4. Entender para aprender

Entender á a chave para aprender e aplicar o que foi aprendido. Se um tópico não foi bem entendido é aconselhável consultar os livros disponíveis, ou então discutir com um colega. Principalmente, não tenha receio de procurar o professor para esclarecer qualquer ponto que não esteja bem entendido. *A simples leitura das notas de aula ou de partes de um livro não é suficiente para efetivar o aprendizado.*

5. Pontos fundamentais e detalhes

Muitas vezes o estudo é desperdiçado porque os alunos entendem incorretamente o que se pede. Em todos os tópicos de estudo aparecerão fatos, técnicas ou habilidades a serem dominadas. Também existirão *princípios fundamentais que vão nortear e fundamentar tudo que está sendo aprendido. É importante estar sempre atento de forma a não se fixar apenas nos detalhes.*

6. Pensar

O aprendizado de qualquer tópico de estudo somente é eficaz quando ocorre durante o processo de se pensar sobre o que se faz. Em todos os assuntos, os professores geralmente procurarão relacionar a teoria apresentada a uma série de exemplos. É importante que durante o tempo de estudo os exemplos apresentados pelo professor sejam revistos, é importante procurar novos exemplos.

7. Exercícios

Faça os exercícios das listas propostas pelo professor. O ideal é que todos os exercícios propostos sejam resolvidos. *Quando isto não for possível*, por falta de tempo disponível, solicite ao professor que recomende os exercícios fundamentais. Procure exercícios nos livros disponíveis, e peça a opinião do professor sobre os exercícios a serem feitos. *Discuta as soluções encontradas com o professor ou com outros colegas, pois, muitas vezes, elas podem estar incorretas.*

ANOTAÇÕES EM AULA

8. Saber anotar

Aprenda a tomar notas de aula. Não é suficiente anotar o que o professor escreve no quadro, anote também *pontos relevantes* do que o professor diz. É aconselhável deixar bastante espaço livre em suas notas, para depois colocar suas próprias observações e dúvidas. Use e abuse de letras maiúsculas, cores e grifos para destacar pontos importantes. Não tente tomar nota de tudo o que é dito em uma aula. Faça distinção entre meros detalhes e pontos chave.

Muitos dos detalhes podem ser rapidamente recuperados em livros-texto. É importante saber que tomar notas implica em acompanhar a aula e resumir pontos. O ato de tomar notas não substitui o raciocínio.

9. Saber quanto anotar

Ficar apavorado por sentir que informações importantes estão sendo perdidas é sinal de que você está anotando em excesso. *Concentre-se nos pontos principais, resumindo-os ao máximo.* Deixe muito espaço em branco e então, assim que for possível, complete-os com exemplos e detalhes para ampliar a idéia geral.

10. Saber estudar as anotações

Procure ler as notas de aula sempre que possível depois de cada aula (e não somente em véspera de provas), marque pontos importantes e faça resumos. Este é um bom modo de começar seu tempo de estudo de cada dia. Ao reescrever suas notas de aula trabalhe, pense e verifique pontos. Não vale a pena recopiá-las de forma mecânica e caprichada.

LEITURA

11. Antes

Antes de começar a ler um livro ou capítulo de um livro, é interessante lê-lo "em diagonal", ou seja, olhar rapidamente todo o texto. Isto dará uma idéia geral do assunto do livro ou capítulo e do investimento de tempo que será preciso para a leitura total.

12. Durante

Durante a leitura, pare periodicamente e *reveja mentalmente pontos principais do que acaba de ser lido.* Ao final, olhe novamente o texto "em diagonal", para uma rápida revisão.

13. Ritmo

Ajuste a velocidade de leitura para adaptá-la ao nível de *dificuldade* do texto a ser lido.

14. Trechos difíceis

Ao encontrar dificuldades em partes importantes de um texto, volte a elas sistematicamente. Não perca tempo simplesmente relendo inúmeras vezes o mesmo trecho. Uma boa estratégia costuma ser uma mudança de tópico de estudo e um posterior retorno aos trechos mais difíceis.

15. Trechos essenciais

Tome notas do essencial do que se está lendo. Tomar notas não significa copiar simplesmente o texto que está sendo lido. Geralmente não se tem muito tempo de reler novamente os textos originais. Portanto, tomar notas é extremamente importante.

16. Textos em outras línguas

Uma parte dos textos e livros indicados não estarão em português. É importante ter uma técnica para ler textos em línguas das quais não se tem completo domínio. *Em princípio, não tente traduzir todas as palavras desconhecidas. Tente abstrair a idéia geral a partir do entendimento de algumas palavras-chave.* Sugere-se ter um bom dicionário, não apenas um de bolso ou direcionado para estudantes, pois estes são limitados. Para saber qual o melhor pergunte a um professor, ou informe-se em uma livraria que trabalhe com livros estrangeiros.

ASSISTÊNCIA À AULA

17. Atenção

Assistir a aula não quer dizer somente estar de corpo presente em sala. Na época de preparação para um concurso, se passa uma parte significativa do dia dentro de uma sala de aula. Deve-se aprender a aproveitar este tempo, prestando atenção e tirando dúvidas.

18. Dúvidas

Não deixe dúvidas que surjam durante uma aula para serem resolvidas depois. *Perguntas geralmente ajudam o andamento da aula, auxiliam o professor e muitas vezes envolvem dúvidas comuns a outros colegas.* Tenha em mente que o bom andamento de um assunto é corresponsabilidade do professor e da turma de alunos. Lembre-se que a dúvida de hoje pode ser um grande problema amanhã e isso irá atrapalhar seu estudo.

19. Em dia com a matéria

Acompanhar as aulas implica ter em dia o assunto das aulas anteriores. *Procure disciplinar-se neste sentido, pois será difícil recuperar uma aula não compreendida.*

CONCLUSÃO

Note que nem todas estas sugestões são necessariamente adequadas para todos os estudantes. Cada pessoa deve criar sua própria técnica de estudo. É muito importante pensar sobre isto e reconsiderar técnicas de estudo que não estão sendo adequadas. Uma técnica eficiente de estudo desenvolvida de hoje em diante irá ser extremamente proveitosa durante toda sua vida profissional.

Capítulo 01

Aspectos Macroscópicos

01. **(2010 CTS/US)** From ①–⑤ choose the best pair of methods to purify iodine (I_2) and potassium nitrate (KNO_3).

	Iodine	Potassium nitrate
①	recrystallization	sublimation
②	recrystallization	distillation
③	sublimation	distillation
④	sublimation	recrystallization
⑤	distillation	recrystallization

Capítulo 02

Estrutura Atômica

01. (2006 CTS) Which of the following atoms has the smallest number of valence electrons?

(1) $_6C$ (2) $_8O$ (3) $_{11}Na$ (4) $_{16}S$ (5) $_{20}Ca$

02. (2006 US) The atom $_6^{13}C$ has

1) 7 electrons   2) 13 electrons   3) 7 protons
4) 13 protons   5) 7 neutrons   6) 13 neutrons

03. (2008 CTS) The element wich has two valence electrons in the M shell is _____.

① Be   ② O   ③ Mg   ④ Ca   ⑤ S

04. (2009 CTS) An isotope of oxygen in wich there are 10 neutrons is _____.

① ^{10}O ② ^{12}O ③ ^{14}O ④ ^{16}O ⑤ ^{18}O

05. (2009 CTS) The ion with the same number of electrons as argon is _____.

① Ne   ② Na^+ ③ $C\ell^-$ ④ F^- ⑤ Mg^{2+}

06. (2010 CTS/US) From ①–⑤ bellow choose the atom that has the largest number of outermost shell electrons.

① B   ② $C\ell$ ③ He   ④ Na   ⑤ S

07. (2010 CTS/US) An atom has 32 neutrons and its trivalent cation has 24 electrons. From ①–⑤ bellow choose the atom.

① ^{53}Cr ② ^{55}Mn ③ ^{57}Fe ④ ^{59}Co ⑤ ^{66}Zn

Capítulo 03

Tabela Periódica

01. **(2006 CTS)** How many simple substances of the following elements can exist as a gas under 1 atm at room temperature?

H   Li   O   Ar   He   Mg   Si   B   C

(1)   2   (2)   3   (3)   4   (4)   5   (5)   6

02. **(2006 CTS)** Which of the following relationships in the first ionization energy between two different atoms is correct?

(1)   He > Ne   (2)   Li < Na   (3)   B > Be

(4)   O > Ar   (5)   F < Cℓ

03. **(2007 US)** Wich of the following gaseous atoms 1) to 5) has the smallest first ionization potential?

1)   helium   2)   neon   3)   argon

4)   krypton   5)   xenon

CAPÍTULO 04

LIGAÇÕES QUÍMICAS

01. **(2006 CTS)** Select one inaccurate description from among the followings.

(1) An atom with a large electronegativity is rather negative and apt to easily change into an anion.

(2) The larger the difference in electronegativity between two kinds of atoms is, the stronger the polarity of the bond formed by those two atoms is.

(3) A water molecule is one of the triatomic molecules.

(4) A molecular crystal will have a comparatively low melting point, because its intermolecular force is stronger.

(5) The isotopes of an element are atoms whose nuclei contain the same number of protons but different numbers of neutrons.

02. **(2006 US)** In the solid state the combination of molecular crystals is

1) sodium chloride, carbon dioxide   2) carbon dioxide, diamond

3) diamond, naphthalene   4) sodium chloride, diamond

5) carbon dioxide, naphthalene   6) sodium chloride, naphthalene

03. **(2007 CTS)** Which is the chemical species where the oxidation number of the underlined element is the same as that of chlorine in $NaC\ell O_2$?

① $\underline{N}H_3$ ② $\underline{A\ell}_2O_3$ ③ $\underline{Fe}O$ ④ $K\underline{Mn}O_4$ ⑤ $\underline{N}O_3^-$

04. **(2008 CTS)** The nitrogen compound wich has the same oxidation number as the N in HNO_3 is _____.

① NH_3 ② N_2 ③ NO ④ N_2O_4 ⑤ N_2O_5

05. **(2008 CTS)** Wich is the linear molecule with a double bond?

① CO_2 ② H_2O ③ NH_3 ④ C_2H_2 ⑤ CH_3OH

06. **(2008 US)** The oxidation number of the nitrogen atom in NH_4Cl is

1) −5 2) −4 3) −3 4) −2
5) 2 6) 3 7) 4 8) 5

07. **(2008 US)** Arrange the following substances A, B and C in order of decreasing melting point.

A: graphite B: naphtalene C: sodium chloride

1) A > B > C 2) A > C > B 3) B > A > C
4) B > C > A 5) C > A > B 6) C > B > A

08. **(2008 US)** Which of the following molecules and ions cannot form a coordinate bond with the Fe^{2+} ion?

1) CH_4 2) H_2O 3) NH_3
4) CN^- 5) Cl^- 6) OH^-

09. **(2009 CTS)** The oxidation number of S in SO_4^{2-} is _____.

① −II (−2) ② +II (+2) ③ +IV (+4)
④ +VI (+6) ⑤ +VIII (+8)

10. **(2009 US)** In the solid state which of the following substances 1) to 5) forms a molecular crystal?

1) sodium chloride 2) carbon dioxide 3) silicon dioxide
4) iron 5) diamond

11. **(2010 CTS/US)** From ①−⑤ bellow choose the molecule that is linear and has the double bond.

① acetylene ② carbon dioxide ③ hydrogen peroxide
④ methane ⑤ propene (propylene)

12. **(2010 CTS/US)** Sulfur dioxide (SO_2) is formed when copper (Cu) is dissolved in a hot, concentrated sulfuric acid (conc. H_2SO_4). From ①−⑤ bellow choose the one that is the correct value for the change in the oxidation number of sulfur in this reaction.

① 2 ② 3 ③ 4 ④ 5 ⑤ 6

CAPÍTULO 05

REAÇÕES QUÍMICAS

01. **(2006 CTS)** Are the underlined atoms oxidated or reduced in the following reactions?

a) $CO_2 + \underline{H}_2 \to CO + H_2O$
b) $2\,HI + \underline{C\ell}_2 \to I_2 + 2\,HC\ell$

c) $2\,\underline{Na} + C\ell_2 \to 2\,NaC\ell$
d) $\underline{Mg} + 2\,HC\ell \to MgC\ell_2 + H_2$

e) $\underline{Zn} + H_2SO_4 \to ZnSO_4 + H_2$

(1) a: oxidized   b: reduced   c: oxidized   d: oxidized   e: oxidized

(2) a: oxidized   b: oxidized   c: reduced   d:oxidized   e: oxidized

(3) a: oxidized   b: reduced   c:reduced   d:reduced   e:oxidized

(4) a: reduced   b: reduced   c: oxidized   d: oxidized   e:oxidized

(5) a: oxidized   b: reduced   c: oxidized   d: oxidized   e: reduced

02. **(2006 US)** There is an aqueous solution containing Ag^+ and Cu^{2+} ions. The most suitable reagent to precipitate one of the two ions from the solution is

1) aqueous ammonia   2) aqueous hydrogen sulfide

3) aqueous sodium hydroxide   4) hydrochloric acid

5) nitric acid

03. **(2006 US)** Give the name of the gas formed by adding dilute sulfuric acid to iron sulfide FeS and heating.

1) hydrogen   2) hydrogen sulfide

3) sulfur dioxide   4) sulfur trioxide

04. **(2007 CTS)** Which is the correct combination of the coefficients a~e for the following reaction?

$$a\,Cr^{3+} + b\,OH^- + c\,H_2O_2 \to d\,CrO_4^{2-} + e\,H_2O$$

① a = 1, b = 8, c = 3, d = 3, e = 5   ② a = 3, b = 8, c = 2, d = 4, e = 5

③ a = 5, b = 6, c = 3, d = 2, e = 10   ④ a = 2, b = 10, c = 3, d = 2, e = 8

⑤ a = 3, b = 7, c = 2, d = 5, e = 4   ⑥ a = 9, b = 8, c = 10, d = 3, e = 5

05. (2007 US) Which of the following compounds 1) to 4) is insoluble in aqueous ammonia?
1) AgCℓ 2) Aℓ(OH)₃ 3) Cu(OH)₂ 4) Zn(OH)₂

06. (2007 US) Which of the following metals 1) to 6) reacts with water to evolve hydrogen gas at room temperature?
1) Ag 2) Ca 3) Cu
4) Fe 5) Pb 6) Zn

07. (2007 US) Heating a mixture of sodium choride and concentrated sulfuric acid evolves
1) HCℓ 2) Cℓ₂ 3) H₂ 4) H₂S 5) SO₂

08. (2007 US) Bubbling hydrogen sulfide through an acidic solution produces black precipitates. Wich of the following cations 1) to 5) is contained in the solution?
1) Aℓ³⁺ 2) Ba²⁺ 3) Cd²⁺ 4) Pb²⁺ 5) Zn²⁺

09. (2008 US) Select two suitable chemical reagents to form sulfur dioxide in laboratory.
1) sodium chloride 2) sodium hydroxide 3) sodium sulfite
4) iron sulfide 5) formic acid 6) sulfuric acid

10. (2008 US) Give names for the substances (a) to (h).

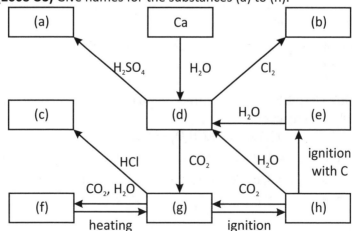

1) calcium oxide	2) calcium hydroxide
3) calcium sulfate	4) calcium carbide
5) calcium carbonate	6) calcium chloride
7) calcium hydrogenocarbonate	8) bleaching powder

11. **(2009 US)** Give the name of the gas formed by adding concentrated hydrochloric acid to manganese (IV) oxide and heating.

1) chlorine 2) hydrogen 3) oxygen 4) ozone

12. **(2009 US)** There is an aqueous solution containing Cu^{2+} and Pb^{2+} ions. The most suitable reagent to precipitate one of the two ions from the solution is

1) nitric acid	2) sodium carbonate
3) sulfuric acid	4) hydrogen sulfide

13. **(2009 US)** There are three metals A, B and C. Read a) and b), and arrange A, B and C in order of decreasing ionization tendency.

a) A dissolves in dilute nitric acid, but B does not.

b) C reacts with water at room temperature, but A and B do not.

1) A > B > C	2) A > C > B	3) B > A > C
4) B > C > A	5) C > A > B	6) C > B > A

14. **(2009 US)** The addition of aqueous solutions of (a) ammonia, (b) ammonium sulfide, and (c) potassium hexacyanoferrate (II) to an aqueous solution containing Fe^{3+} each produce precipitate. What is the color of the precipitate?

1) white	2) black
3) green	4) light blue
5) dark blue	6) dark redish-brown
7) purple	8) yellow

15. **(2010 CTS/US)** From ①–⑥ bellow choose the best combination of elements that are true for the following statements **(a)–(c)**, respectively.

(a) Its oxide is a basic oxide.

(b) Its hydrogen compound is soluble in water and exhibits a strong acidity.

(c) The composition of its hydrogen compound is XH_4 (where X stands for the element.)

	a	b	c
①	Aℓ	Cℓ	C
②	Aℓ	S	N
③	Ca	Cℓ	P
④	Ca	I	C
⑤	Na	I	N
⑥	Na	S	P

16. **(2010 CTS/US)** From ①–④ bellow choose the statement that is **only true for aluminum (Aℓ) or only true for zinc (Zn)**.

① The metal dissolves in hydrochloric acid (HCℓ *aq*).

② The metal dissolves in aqueous sodium hydroxide (NaOH *aq*).

③ A precipitate is formed when aqueous ammonia (NH₃ *aq*) is added to the aqueous solution of each ion. The precipitate dissolves if excess aqueous ammonia is added.

④ A precipitate is formed when aqueous sodium hydroxide is added to the aqueous solution of each ion. The precipitate dissolves if excess aqueous sodium hydroxide is added.

RELAÇÕES NUMÉRICAS

CAPÍTULO 06

01. **(2008 CTS)** Wich is the correct formula weight of the copper sulfate pentahydrate (II) $CuSO_4 \cdot 5 H_2O$?

① 219.5 ② 229.5 ③ 249.5 ④ 269.5 ⑤ 289.5

02. **(2010 CTS/US)** Given that the following gases ①– ⑤ have the same mass, choose the one that has the smallest number of molecules.

① Ar ② $C\ell_2$ ③ CO ④ O_3 ⑤ SO_2

ESTUDO DOS GASES

CAPÍTULO 07

01. **(2007 CTS)** Which is the gas with density of 1.63 g/L in the standard state?

① $C\ell_2$ ② H_2S ③ NH_3 ④ CO_2 ⑤ $HC\ell$

02. **(2008 US)** The stopcock between a 2-liter bulb containing nitrogen gas at 25 °C and 5 atm and a 3-liter bulb containing argon at 25 °C and 10 atm is opened. When equilibrium between the bulbs has been reached at 25 °C, the gas pressure in the two bulbs is

1)	3 atm	2)	4 atm	3)	6 atm	4)	8 atm
5)	15 atm	6)	20 atm	7)	30 atm	8)	40 atm

03. **(2009 CTS)** Answer the following questions (A) and (B).

(A)   If the density of a gas consisting of one element is 0.90 g/L under the standard state, what is the molar mass?

① 4.0 g/mol   ② 20 g/mol   ③ 32 g/mol
④ 38 g/mol   ⑤ 71 g/mol

(B)   What is the mass of 6.0 L of nitrogen gas at 8.2 atm pressure and 27 °C?

① 14 g ② 28 g ③ 42 g ④ 56 g ⑤ 112 g

04. **(2009 US)** A mixed gas of 4.0 L composed of gas A (molecular weight 4.0) and gas B (molecular weight 20) at 0 °C and 1 atm pressure has a mass of 3.0 g. What is the molar ratio (gas A) : (gas B) in this mixture?

1)	1 : 4	2)	1 : 3	3)	1 : 2	4)	1 : 1
5)	2 : 1	6)	3 : 1	7)	4 : 1		

05. **(2010 CTS/US)** Given that air is a mixture of N_2 and O_2 with a volume ratio of 4:1, from ①–⑤ bellow choose the one that identifies a gas that has a larger density than air at the same temperature and pressure.

① CH_4 ② C_3H_8 ③ HF ④ N_2 ⑤ NH_3

CAPÍTULO 08

ESTEQUIOMETRIA

01. **(2006 US)** A sample of pure rubidium metal weighing 3.00 g was quantitatively converted to 3.280 g of pure rubidium oxide Rb_2O. What is the atomic weight of rubidium?

1)   85.7   2)   93.7   3)   171   4)   187   5)   343   6)   375

02. **(2010 CTS/US)** By heating 0.322 g of sodium sulfate hydrate ($Na_2SO_4 \cdot n\ H_2O$), 0.142 g of its anhydride is obtained. From ①–⑤ bellow choose the most appropiate value for n.

①   4   ②   6   ③   8   ④   10   ⑤   12

Capítulo 09

Soluções

01. **(2006 US)** The solubility of sodium carbonate in 100 g water is 25.0 g at 22 °C. How many grams of the hydrate $Na_2CO_3 \cdot 10\,H_2O$ can be dissolved in 100 g of water at 22 °C?

1)   0.556 g   2)   0.762 g   3)   9.27 g

4)   67.5 g   5)   81.7 g   6)   117 g

02. **(2007 CTS)** The density of the aqueous solution in which 13.0 g of sodium hydroxide is dissolved in 87.0 g of water is 1.142×10^3 kg/m³. Answer the following questions.

(A)   Calculate the mole fraction of the water.

①   0.063   ②   0.937   ③   0.036   ④   0.964   ⑤   0.056

(B)   Calculate the concentration of the sodium hydroxide solution.

①   1.17 mol/L   ②   2.78 mol/L   ③   3.71 mol/L

④   4.67 mol/L   ⑤   5.89 mol/L

03. **(2008 US)** The solubility of oxygen in 1 L water is 28 mL at 25 °C and 1.0 atm. How much oxygen can be dissolved in 1.0 L and 4.0 atm?

1)   7 mL   2)   14 mL   3)   28 mL   4)   84 mL   5)   112 mL

04. **(2009 US)** The solubility of sodium sulfite (Na_2SO_3) is 27 (g/100 g-water) at 20 °C. Answer the following questions (1) and (2).

(1)   What is the mass percent concentration of the saturated solution of Na_2SO_3 at 20 °C?

(2)   How many grams of $Na_2SO_3 \cdot 7\,H_2O$ is soluble in 50 g water at 20 °C?

CAPÍTULO 10

ESTEQUIOMETRIA DE SOLUÇÕES

01. **(2006 US)** Answer the following questions (1) and (2).

(1) Balance the following reactions.

$$MnO_4^- + (a) H^+ + (b) e^- \rightarrow Mn^{2+} + (c) H_2O$$
$$H_2C_2O_4 \rightarrow 2 CO_2 + (d) H^+ + (d) e^-$$

(2) A 0.320 g sample of calcium oxalate CaC_2O_4 was dissolved in dilute sulfuric acid. Titration of the liberated $H_2C_2O_4$ required 20.0 mL of a $KMnO_4$ solution. What is the concentration of the $KMnO_4$ solution? (Atomic weights: H = 1.0, C = 12.0, O = 16.0, K = 39.1, Ca = 40.0, and Mn = 54.9)

02. **(2007 US)** A 40.0 L sample of N_2 gas containing SO_2 gas as an impurity was bubbled through a 3% solution of H_2O_2. The SO_2 was converted to H_2SO_4:

$$SO_2 + H_2O_2 \rightarrow H_2SO_4$$

A 25.0 mL portion of 0.0100 mol/L NaOH was added to the solution, and the excess base was back-titrated with 13.6 mL of 0.0100 mol/L HCℓ. Calculate the parts per million of SO_2 (that is, mL $SO_2/10^6$ mL sample) if the density of SO_2 is 2.85 g/L. (Atomic weights; H = 1.0, N = 14.0, O = 16.0, Na = 23.0, S = 32.0, and Cℓ = 35.5)

Capítulo 11

PROPRIEDADES COLIGATIVAS DAS SOLUÇÕES

01. **(2007 CTS)** A cell is covered with a semipermeable membrane. The erythrocyte may explode, when blood is diluted in water. Which is the correct reason for the explosion?

① Boiling point elevation ② Osmotic pressure

③ Freezing point depression ④ Vapor pressure depression

⑤ Coagulation

02. **(2008 CTS)** We have a U-tube which is partitioned by a semipermeable membrane. When we put pure water in the A side, and the same amount of aqueous solution of protein in the B side, what kind of phenomenon happens? Write the number of the correct answer in the answer box.

① No change of the solution level.

② Solution level also rises A and B.

③ Solution level also drops A and B.

④ Solution levels of A drops, and the level of B rises.

⑤ Solution level of A rises, and the level of B drops.

	CAPÍTULO 12
TERMOQUÍMICA • TERMODINÂMICA QUÍMICA	

01. **(2006 CTS)** Answer the following questions concerning thermochemistry.
(A)   The heat of combustion of propane is 2220 kJ/mol when the water formed is liquid. Evaluate the heat of formation of propane by using this fact as well as the following thermochemical equations.

$$C(graphite) + O_2 = CO_2 + 394kJ$$
$$2 H_2 + O_2 = 2 H_2O(\ell) + 572 kJ$$

(1)   64 kJ/mol   (2)   85 kJ/mol   (3)   106 kJ/mol
(4)   137 kJ/mol   (5)   182 kJ/mol

(B)   What is the volume of propane needed at STP to raise the temperature of 2.00 L water from 15.0 to 95.0 °C using the heat evolved through its combustion, given that the density of water is 1.00 g/cm^3, and that the specific heat of water is 4.18 J/g·°C. The calculation should be done under the assumption: 1.00 cm^3 = 1.00 mL.

(1)   4.85 L   (2)   6.75 L   (3)   8.65 L   (4)   11.7 L   (5)   18.5 L

02. **(2007 CTS)** Evaluate the heat of reaction of the following reaction from the heat of formation data of each material.

$$CH_3CHO(\ell) = CH_4(g) + CO(g)$$

Here, ℓ is liquid, and g is gas. The data of heat of formation for each material are as follows.

$$CH_3CHO(\ell):\ \ 192.0 \text{ kJ/mol}$$
$$CH_4(g):\ \ 74.9 \text{ kJ/mol}$$
$$CO(g):\ \ 110.5 \text{ kJ/mol}$$

①   −2.6 kJ/mol   ②   −4.6 kJ/mol   ③   −5.6 kJ/mol
④   −6.6 kJ/mol   ⑤   −8.6 kJ/mol

03. **(2008 CTS)** CONDITION: 24.0 g of graphite is burned incompletely, and 14.0 g of CO and 66.0 g of CO$_2$ are produced.
If necessary, you can use the heat of combustion values given in the following reactions.

$C(graphite) + O_2 = CO_2 + 394$ kJ/mol
$CO + \frac{1}{2} O_2 = CO_2 + 283$ kJ/mol

(A) Calculate the heat of formation of CO.
① −111 kJ/mol ② 111 kJ/mol ③ 240 kJ/mol
④ 480 kJ/mol ⑤ 677 kJ/mol

(B) How much heat energy (in kilojoules) is generated by this reaction?
① 505 kJ ② 646.5 kJ ③ 702 kJ
④ 788 kJ ⑤ 843.5 kJ

04. (2009 CTS) The heat of combustion of ethanol is represented by the following termochemical equation.

C_2H_5OH (liquid) + 3 O_2 (gas) = 2 CO_2 (gas) + 3 H_2O (liquid) + 1369 kJ

Answer the following questions (A) and (B).

(A) How much heat energy (in kilojoules) will be needed to completely burn 23.0 g of ethanol (liquid)?
① 274 kJ/mol ② 548 kJ/mol ③ 685 kJ/mol
④ 1369 kJ/mol ⑤ 2378 kJ/mol

(B) The heats of formation of carbon dioxide (gas) and water (liquid) are respectively 394 kJ/mol, 286 kJ/mol. Find the heat of formation of ethanol (liquid).
① 108 kJ/mol ② 277 kJ/mol ③ 680 kJ/mol
④ 1646 kJ/mol ⑤ 3015 kJ/mol

CAPÍTULO 13

CINÉTICA QUÍMICA • EQUILÍBRIO QUÍMICO

01. **(2006 CTS)** Under the presence of a proper catalyst, 1.00 mole of N_2 and 3.00 mole of H_2 were mixed in a reaction vessel with a volume of V L and maintained at a certain temperature. The following reaction then occurred in this gas mixture:

$$3 H_2 + N_2 \rightleftarrows 2 NH_3$$

The total pressure of the misture was 30.0 atm at the beginning and settled down to 25.0 atm after equilibration. Answer the following questions concerning this reversible reaction.

(A)   What is the mole fraction of NH_3 at equilibrium?

(1)   0.20   (2)   0.46   (3)   0.57   (4)   0.72   (5)   0.83

(B)   Nitrogen has two kinds of natural isotope, hydrogen also has two. How many NH_3 molecules with a different mass can exist?

(1)   4   (2)   5   (3)   6   (4)   7   (5)   8

02. **(2006 US)** Answer the following questions (1) and (2).

(1)   Calculate the heat Q (kJ) in the thermochemical reaction (A) using the equations ① to ③.

Reaction (A): $N_2(g) + 3 H_2(g) = 2 NH_3(g) + Q$ kJ

① $2 H_2(g) + O_2(g) = 2 H_2O(\ell) + 572$ kJ

② $4 NH_3(g) + 3 O_2(g) = 2 N_2(g) + 6 H_2O(g) + 1268$ kJ

③ $H_2O(\ell) = H_2O(g) - 44$ kJ

(2)   If a mixture of the three components in the reaction

$$N_2(g) + 3 H_2(g) \rightleftarrows 2 NH_3(g)$$

were in equilibrium, what would be the effect on the amount of NH_3 if

(a)   the temperatures were raised, keeping the pressure constant;

(b)   the mixture were compressed, keeping the temperature constant?

1)   increase   2)   decrease   3)   no change

03. **(2007 CTS)** 2.00 mole of N_2 and 5.00 mole of H_2 were mixed in the presence of a proper catalyst and maintained at a certain temperature. The following reaction occurred in the gas mixture and then arrived at equilibrium where the total pressure was 1.01×10^5 Pa. The mole fraction of NH_3 formed was found to be 2.50×10^{-1}.

$$N_2 + 3 H_2 = 2 NH_3 + 92 \text{ kJ}$$

(A)   How much heat was envolved through this reaction?

① 29.7 kJ   ② 37.8 kJ   ③ 42.9 kJ

④ 51.6 kJ   ⑤ 64.4 kJ

(B)   What was the partial pressure of N_2 at equilibrium?

① 7.23×10^4 Pa   ② 9.18×10^4 Pa   ③ 1.86×10^5 Pa

④ 2.34×10^5 Pa   ⑤ 5.23×10^5 Pa

04.   (2008 CTS) Answer the following questions (A) and (B).
CONDITION: When a 10 L flask holds 1 mole each of CO_2 and H_2, and the temperature is kept low, 0.5 mole each of CO and H_2O are produced at equilibrium.

(A)   Calculate the equilibrium constant of the following reaction.

$$CO_2 + H_2 \rightleftarrows CO + H_2O(gas)$$

① 0.25   ② 0.5   ③ 1.0   ④ 2.0   ⑤ 4.0

(B)   How many moles of CO in total are produced if 0.5 mol of CO_2 is added in the above equilibrium situation?

① 0.55 mol   ② 0.60 mol   ③ 0.75 mol

④ 0.80 mol   ⑤ 0.90 mol

05.   (2009 CTS) When a flask of constant capacity holds 1.2 mole each of acetic acid and ethanol with a catalyst and the temperature is kept at 25 °C, 0.80 mole of ethyl acetate is produced at equilibrium. Answer the following questions (A) and (B).

(A)   Calculate the equilibrium constant of the following reaction.

$$CH_3COOH + C_2H_5OH \rightleftarrows CH_3COOC_2H_5 + H_2O$$

① 0.25   ② 0.64   ③ 2.0   ④ 4.0   ⑤ 6.0

(B)   Ethanol is added in the above equilibrium situation, and 1.0 mole of ethylacetate in total is produced. How many moles of ethanol are added?

13 • Cinética Química • Equilíbrio Químico 35

① 0.25 mol ② 0.80 mol ③ 1.05 mol

④ 0.80 mol ⑤ 0.90 mol

06. **(2010 CTS/US)** The following reaction is in an equilibrium state.

$$2\ NO_2\ (brown) = N_2O_4\ (colorless) + 57\ kJ$$

From ①– ④ below choose two correct ones out of statements **(a)–(d)**.

(a) As the temperature is increased, the color darkens.

(b) As the temperature is increased, the color lightens.

(c) As the pressure is increased, the brown color first darkens, and then, after a few seconds, lightens.

(d) As the pressure is increased, the brown color first lightens, and then, after a few seconds, darkens.

① **a, c** ② **a, d** ③ **b, c** ④ **b, d**

CAPÍTULO 14

EQUILÍBRIO IÔNICO

01. **(2006 CTS)** What is the pH of 50 mL of the 0.14 mol/L $HC\ell$ solution mixed with 50 mL of 0.10 mol/L NaOH solution? log 2 = 0.30.

(1)   1.5   (2)   1.7   (3)   1.9   (4)   2.1   (5)   2.3

02. **(2006 US)** Which is the acid salt of which the aqueous solution is basic?

1) $NaHSO_4$ 2) Na_2SO_4 3) $NaHCO_3$

4) Na_2CO_3 5) $Mg(OH)_2$ 6) $MgC\ell(OH)$

03. **(2006 US)** Arrange the ions H^+, OH^-, and Na^+ in order of decreasing molar concentration in the solution that results when 200 mL of 0.1 mol/L sodium hydroxide solution is mixed with 100mL of 0.1 mol/L hydrochloric acid.

1) $H^+ > OH^- > Na^+$ 2) $H^+ > Na^+ > OH^-$ 3) $OH^- > H^+ > Na^+$

4) $OH^- > Na^+ > H^+$ 5) $Na^+ > H^+ > OH^-$ 6) $Na^+ > OH^- > H^+$

04. **(2007 US)** Which of the following descriptions 1) to 4) is correct?

1)   The pH of the solution that results when 10 mL of 1.0×10^{-5} mol/L $HC\ell$ is diluted to 10 L with distilled water is 8.

2)   The pH of the solution that results when 10 mL of 1.0×10^{-3} mol/L NaOH is diluted to 1.0 L with distilled water is 9.

3)   The pH of the solution that results when 10 mL of 1.0×10^{-2} mol/L CH_3COOH is diluted to 1.0 L with distilled water is 4.

4)   The pH of the solution that results when 10 mL of 1.0×10^{-3} mol/L H_2SO_4 is diluted to 1.0 L with distilled water is 5.

05. **(2008 US)** Arrange the following mixed solutions A, B and C in order of decreasing value of pH.

A: 15 mL of 0.1 mol/L H_2SO_4 and 10 mL of 0.1 mol/L NaOH

B: 15 mL of 0.1 mol/L $HC\ell$ and 10 mL of 0.1 mol/L Na_2CO_3

C: 15 mL of 0.1 mol/L $HC\ell$ and 10 mL of 0.1 mol/L NaOH

1) $A > B > C$ 2) $A > C > B$ 3) $A > B = C$ 4) $B = C > A$

5)	B > A > C	6)	B > C > A	7)	B > A = C	8)	A = C > B
9)	C > A > B	10)	C > B > A	11)	C > A = B	12)	A = B > C

06. **(2009 CTS)** A 500 mL solution is produced by dissolving 0.37 g of calcium hydroxyde in sufficient water. Answer the following questions (A) ~ (C).

(A) Determine the molarity of this solution.

① 0.0050 mol/L ② 0.010 mol/L ③ 0.020 mol/L
④ 0.10 mol/L ⑤ 0.74 mol/L

(B) What is the pH of this solution?

① 1.7 ② 2.0 ③ 12.0 ④ 12.3 ⑤ 13.0

(C) How much of a 0.010 mol/L $HC\ell$ solution is required to neutralize 100 mL of this calcium hydroxide solution?

① 25 mL ② 50 mL ③ 100 mL
④ 150 mL ⑤ 200 mL

07. **(2009 US)** Which of the aqueous solution of the compounds 1) to 5) is acid?

1) K_2CO_3 2) $KC\ell$ 3) Na_2SO_4 4) $NH_4C\ell$ 5) $NaHCO_3$

08. **(2009 US)** Calculate the pH of the solution that results upon mixing 10 mL of $HC\ell$ solution with a pH of 1.0 with 40 mL of

(a) 0.15 mol/L $HC\ell$ solution.

(b) 0.15 mol/L $AgNO_3$ solution.

(c) 0.15 mol/L NaOH solution.

If necessary, use log 2 = 0.30, log 3 = 0.48, and log 7 = 0.85.

ELETROQUÍMICA

CAPÍTULO **15**

01. **(2006 CTS)** A 0.100 mol/L aqueous solution of copper sulfate (II) whose volume was 300 mL was electrolyzed with a current of 863 mA for an hour, using a pair of platinum electrodes. Answer the following questions concerning this electrolysis.

(A) What quantity of electrons passed during this electrolysis?

(1) 2.40×10^{-2} mol (2) 3.22×10^{-2} mol (3) 6.65×10^{-2} mol

(4) 8.73×10^{-2} mol (5) 9.47×10^{-2} mol

(B) What was the volume of gas generated from the anode, under 25 °C and 0.90 atm?

(1) 125 mL (2) 184 mL (3) 219 mL

(4) 276 mL (5) 329 mL

(C) What was the concentration of $CuSO_4$ aqueous solution after the electrolysis assuming the volume of the solution to be constant?

(1) 3.42×10^{-2} mol/L (2) 4.63×10^{-2} mol/L (3) 5.84×10^{-2} mol/L

(4) 7.05×10^{-2} mol/L (5) 8.13×10^{-2} mol/L

02. **(2007 CTS)** The procedure shown in the flow chart below is well known in the technical production of aluminum. Answer the following questions concerning this procedure.

bauxite

↓ dissolving this workable ore in NaOH aq. soln.

aluminum hydroxide

↓ roasting at 1200 °C

alumina

↓ electrolyzing the molten salt

aluminum

(A) Before the molten salt electrolysis, alumina is dissolved into previously fused cryolite, Na_3AlF_6. The molten mixture is then electrolyzed. What will the cryolite do for the electrolysis mainly?

① raise the yield of aluminum.

② bring the melting point of the mixture down.

③ raise the purity of aluminum deposited.

④ remove the impurities present in the molten mixture.

⑤ prevent the oxidation of aluminum obtained.

(B) What is the quantity of electricity needed in order to obtain 20.0 g of aluminum?

① 1.75 F ② 2.04 F ③ 2.22 F ④ 2.63 F ⑤ 2.85 F

(C) How much energy is needed to obtain 20.0 g of aluminum, when this molten mixture is electrolyzed with 5.00 V as a bath voltage?

① 2.53×10^6 J ② 2.16×10^6 J ③ 1.76×10^6 J

④ 1.44×10^6 J ⑤ 1.07×10^6 J

(D) Through the X-ray investigation of the aluminum thus obtained, it has been found that its crystal structure is f.c.c. and thas its lattice constant is 4.05×10^{-1} nm. What can be estimated as the atomic radius of aluminum, given that $\sqrt{2} = 1.41$?

① 1.25×10^{-1} nm ② 1.43×10^{-1} nm ③ 1.76×10^{-1} nm

④ 1.93×10^{-1} nm ⑤ 2.06×10^{-1} nm

03. (2007 CTS) A sodium hydroxide aq. soln. was electrolyzed with a current of 0.500 A using carbon rod electrodes.

(A) What kind of gas arose from the cathode?

① N_2 ② O_2 ③ H_2 ④ $C\ell_2$ ⑤ CO_2

(B) What was the time for the electrolysis when 56.0 mL (standard state) of gas arose from the cathode.

① 695 sec ② 965 sec ③ 895 sec

④ 1056 sec ⑤ 1156 sec

04. (2007 US) In the electrolysis of an aqueous solution of sodium hydroxide using platinum electrodes the reactions that occur at the anode and the cathode are respectively

1)	$Na^+ + e^- \rightarrow Na$	2)	$2\,H_2O + 2\,e^- \rightarrow H_2 + 2\,OH^-$
3)	$Na \rightarrow Na^+ + e^-$	4)	$2\,OH^- \rightarrow H_2 + O_2 + 2\,e^-$
5)	$4\,OH^- \rightarrow 2\,H_2O + O_2 + 4\,e^-$		

05. **(2008 CTS)** The electrolysis of a silver nitrate solution is carried out by a current of 12 A flowing through it for one hour.

(A)   What is the quantity of electricity which has flowed by this time?

① 3.42×10^4 C   ② 3.24×10^4 C   ③ 4.32×10^4 C
④ 4.68×10^4 C   ⑤ 4.02×10^4 C

(B)   What is the quantity of silver deposited at the cathode?

① 84.3 g ② 48.3 g ③ 38.4 g ④ 54.4 g ④ 68.3 g

06. **(2008 US)** As written, the following reactions A and B proceed to the right:

$$A: \quad 2\,H^+ + Sn(s) \;\rightarrow\; H_2(g) + Sn^{2+}$$
$$B: \quad Sn^{4+} + H_2(g) \;\rightarrow\; Sn^{2+} + 2\,H^+$$

The order of oxidizing strength is

1)	$H^+ > Sn^{2+} > Sn^{4+}$	2)	$H^+ > Sn^{4+} > Sn^{2+}$	3)	$Sn^{2+} > H^+ > Sn^{4+}$
4)	$Sn^{2+} > Sn^{4+} > H^+$	5)	$Sn^{4+} > H^+ > Sn^{2+}$	6)	$Sn^{4+} > Sn^{2+} > H^+$

07. **(2008 US)** In the electrolysis of 200 mL of 0.15 mol/L $CuSO_4$ solution using platinum electrodes, 0.16 g of oxygen gas evolved at the anode. Answer the following questions (1) and (2). (Atomic weights: H : 1,0, O : 16.0, S : 32.0, and Cu : 63.5)

(1)   How many faradays of charge was passed through the solution?

(2)   What should be the molarity of the $CuSO_4$ solution after the electrolysis?

08. **(2009 CTS)** When a solution of $CuCl_2$ was electrolyzed with a platinum electrode wich uses a current of 2,5 amperes, 112 mL of gas was generated. Answer the following questions (A) ~ (C).

(A)   Chose from ① ~ ⑥ the appropriate description of the correct combination of electrode and gas generated.

①	Cℓ$_2$ at cathode	②	Cℓ$_2$ at anode	③	O$_2$ at cathode
④	O$_2$ at anode	⑤	H$_2$ at cathode	⑥	H$_2$ at anode

(B) What is the quantity of electricity wich had flowed in this electrolysis?
① 241.25 C ② 482.5 C ③ 965 C
④ 1930 C ⑤ 3860 C

(C) How many seconds did this electrolysis take?
① 96.5 sec ② 193 sec ③ 386 sec
④ 772 sec ⑤ 1544 sec

09. **(2009 US)** In the electrolysis of an aqueous solution of sodium nitrate using platinum electrodes, 0.50 faradays of electrical charge was passed through the solution. How many grams of gas evolved at the anode?
1) 1.0   2) 2.0   3) 4.0   4) 8.0
5) 16   6) 23   7) 32   8) 46

10. **(2010 CTS/US)** An electric current is made to flow through an aqueous copper sulfate (CuSO$_4$ aq) as shown bellow. From ①–⑥ bellow choose the pair that includes correct statements describing the change that takes place at the electrodes **A** and **B**, respectively.

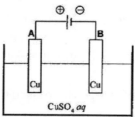

	A	B
①	The mass increases.	The mass decreases.
②	The mass increases.	A gas is generated.
③	The mass decreases.	The mass increases.
④	The mass decreases.	A gas is generated.
⑤	A gas is generated.	The mass increases.
⑥	A gas is generated.	The mass decreases.

15 • Eletroquímica   43

11. **(2010 CTS/US)** From ①–⑥ bellow choose the one that contains two methods to generate hydrogen.

(a)   Metallic sodium (Na) is added to water.

(b)   Hydrochoric acid (HCℓ *aq*) is added to copper (Cu).

(c)   Water is electrolyzed.

(d)   Hydrochloric acid is added to manganese (IV) oxide (MnO_2) and the mixture is heated.

①	**a, b**	②	**a, c**	③	**a, d**
④	**b, c**	⑤	**b, d**	⑥	**c, d**

12. **(2010 CTS/US)** The following statements **(a)–(c)** on sodium chloride (NaCℓ) are either true or false. From ①–⑥ bellow choose the correct combination of "true (T)" and "false (F)".

(a)   Its crystal does not conduct electricity.

(b)   Molten sodium chloride conducts electricity.

(c)   By electrolyzing its aqueous solution with a carbon electrode, chlorine ($C\ell_2$) and hydrogen (H_2) are obtained.

	a	b	c
①	T	T	T
②	T	T	F
③	T	F	T
④	F	T	T
⑤	F	T	F
⑥	F	F	F

13. **(2010 CTS/US)** From ①–④ bellow choose the metal that **does not deposit** silver (Ag) on the surface when immersed in aqueous silver nitrate ($AgNO_3$ *aq*).

①	Cu	②	Fe	③	Pt	④	Zn

CAPÍTULO 16

FUNÇÕES ORGÂNICAS

01. **(2006 CTS)** Choose a suitable chemical formula and generic material from the members of group B and C below to correspond to the following compounds (1)~(5) of group A. Write the number of the correct combination in the answer box.

A: (1)   vinyl acetate   (2)   styrene

     (3)   adipic acid   (4)   ethylene glycol

     (5)   isoprene

B: (a) $CH_2 = CH - C_6H_5$ (b) $HO - (CH_2)_2 - OH$

     (c) $CH_2 = CH - C(CH_3) = CH_2$ (d) $HOOC - (CH_2)_4 - COOH$

     (e) $CH_2 = CH - OCOCH_3$

C: ①   ester   ②   conjugated diene

     ③   aromatic hydrocarbon   ④   alcohol

     ⑤   carboxylic acid

(1) $1 - c - ①$ $2 - a - ③$ $3 - d - ②$ $4 - e - ⑤$ $5 - b - ④$

(2) $1 - a - ②$ $2 - b - ④$ $3 - e - ①$ $4 - c - ③$ $5 - d - ⑤$

(3) $1 - e - ①$ $2 - a - ③$ $3 - d - ⑤$ $4 - b - ④$ $5 - c - ②$

(4) $1 - e - ①$ $2 - b - ④$ $3 - d - ⑤$ $4 - a - ③$ $5 - c - ②$

(5) $1 - b - ⑤$ $2 - c - ①$ $3 - a - ③$ $4 - d - ②$ $5 - e - ②$

02. **(2007 CTS)** Which of the following, aliphatic, chain-like hydrocarbons has a double bond in itself?

① C_4H_{10} ② C_2H_2 ③ C_3H_4 ④ C_2H_6 ⑤ C_3H_6

03. **(2007 CTS)** Enkephalin (one of the pentapeptides), well known as one kind of opioid peptide, was hydrolyzed by protease into four kinds of α–amino acids. An α–amino acid whose molecular weight is the smallest among them was well isolated and subjected to elementary analysis, so that the content for each constituent was found as follows: carbon, 32.0%; hydrogen, 6.67%;

oxygen, 42.7%; nitrogen, 18.7%. Answer the following questions concerning this amino acid.

(A) What is the structural formula for this amino acid?

①
$$H_2N-\underset{\underset{H}{|}}{\overset{\overset{H}{|}}{C}}-COOH$$

④
$$H_2N-\underset{\underset{CH_2}{|}}{\overset{\overset{H}{|}}{C}}-COOH$$
(phenyl ring)

②
$$H_2N-\underset{\underset{\underset{SH}{|}}{\overset{|}{CH_2}}}{\overset{\overset{H}{|}}{C}}-COOH$$

⑤
$$H_2N-\underset{\underset{CH_2}{|}}{\overset{\overset{H}{|}}{C}}-COOH$$
(phenyl ring with OH)

③
$$H_2N-\underset{\underset{CH_3}{|}}{\overset{\overset{H}{|}}{C}}-COOH$$

(B) What is the name of this amino acid?

①   alanine   ②   tyrosine   ③   glycine

④   cysteine   ⑤   phenylalanine

04. **(2007 US)** Wich of the following gases has a density of 1.96 g/L at 0 °C and 1-atm pressure?

1)   oxygen   2)   nitrogen   3)   hydrogen choride

4)   propane   5)   butane

16 • FUNÇÕES ORGÂNICAS

05. **(2007 US)** It is found that 0.42 g of a gaseous compound containing only hydrogen and carbon occupies 410 mL at a temperature of 300 K and a pressure of 0.90 atm. Assuming the gaseous compound is an ideal gas, what is the molecular formula of the compound?

1) CH_4 2) C_2H_6 3) C_2H_4
4) C_2H_2 5) C_3H_8 6) C_3H_6

06. **(2008 CTS)** Wich is the compound wich consists only of a single bond?
① Cyclohexene ② Aniline ③ Glycerin
④ Formic acid ⑤ Acetone

07. **(2008 CTS)** Wich is the compound with one carboxyl group?
① Maleic acid ② Lactic acid ③ Phthalic acid
④ Oxalic acid ⑤ Sulfuric acid

08. **(2008 CTS)** In the addition reaction of hydrogen, 0.850 mol of ethane is produced from acetylene.
(A) Calculate the quantity (mol) of hydrogen for the reaction.
① 1.2 mol ② 1.5 mol ③ 1.7 mol
④ 1.9 mol ⑤ 2.1 mol

(B) Calculate the volume (L) of the hydrogen gas at the standard state.
① 38.1 L ② 28.2 L ③ 48.3 L ④ 18.4 L ⑤ 58.5 L

09. **(2008 CTS)** For the combustion of 14.8 mg of an organic compound, wich contains only carbon, hydrogen, and oxygen, gave 21.5 mg CO_2 and 8.7 mg H_2O.
(A) Wich is the compositional formula of the compound?
① C_2H_5O ② CH_2O ③ $C_2H_4O_2$ ④ CH_4O_2 ⑤ C_2H_6O

(B) Wich is the molecular formula of the compound whose molecular weight is 60?
① CH_4O_2 ② C_2H_6O ③ $C_2H_4O_2$ ④ C_2H_5O ⑤ CH_2O

10. **(2008 US)** What are the state of compounds (1) to (5) when these are exposed to 0 °C under 1 atm? Choose from (a) to (c).

1)	methanol	2)	acetic acid	3)	acetaldehyde	
4)	acetone	5)	ethylene			
a)	gas	b)	liquid	c)	solid	

11. **(2008 US)** When 12.0 mg of an ether compound X consisting of only carbon, hydrogen, and oxygen was completely combusted, 26.4 mg of CO_2 and 14.4 mg of H_2O were formed. After 12.0 g of X was heated in a 1.00 L– reaction vessel and completely vaporized, the compound showed 6.56 atm at 127 °C. Use the following values for atomic weights: H : 1.00, C : 12.0, O : 16.0 and the gas constant R = 0,082 L·atm / K·mol.

Question (1): What is the empirical equation of the compound X?

Question (2): Calculate the molecular weight.

Question (3): What is the molecular equation of the compound X?

Question (4): Select the structure of the compound X from (1) to (6).

1)	CH_3CH_2OH	2)	$CH_3CH_2OCH_3$	3)	$CH_3CH_2CH_2OH$
4)	CH_3COOH	5)	CH_3COOCH_3	6)	CH_3CHO

12. **(2009 CTS)** The polymer which has an ester bond in the molecule is

_____.

①	polyethylene	②	polypropylene
③	polyethylene terephtalate	④	6,6-nylon
⑤	protein		

13. **(2009 US)** A certain organic compound 8.96 g contains C 1.14 g, H 0.19 g, Br 7.63 g. What is the empirical equation of the compound? Use the following values for atomic weights: H: 1.00, C: 12.0, Br: 79.9.

14. **(2009 US)** Calculate the ratio of the weight of oxygen required for the complete combustion of 1 g of propane C_3H_8 to that of 1 g of methane CH_4?

15. **(2009 US)** Nitration of 50 g of benzene gave 55 g of nitrobenzene. Calculate the yield.

16. **(2010 CTS/US)** From ①–⑥ below choose the most appropriate combination of general names of the following functional groups **(a)–(c)**.

(a) $-SO_3H$ **(b)** $-OH$ **(c)**

	a	b	c
①	carboxy group	nitro group	aldehyde group
②	carboxy group	nitro group	carbonyl group
③	carboxy group	hydroxy group	aldehyde group
④	sulfo group	nitro group	carbonyl group
⑤	sulfo group	hydroxy group	aldehyde group
⑥	sulfo group	hydroxy group	carbonyl group

17. **(2010 CTS/US)** From ①–⑤ below choose the pair of compounds that are both hardly soluble in water.

① acetic acid and acetone   ② aniline and ethanol

③ ethylene glycol and phenol   ④ ethyl acetate and hexane

⑤ formaldehyde and naphthalene

CAPÍTULO 17

ISOMERIA

01. **(2006 CTS)** How many isomers are there for one kind of alkene, C_4H_8?

(1) 2 (2) 3 (3) 4 (4) 5 (5) 6

02. **(2006 CTS)** Combustion of 12.0 mg of compound A, which contains only carbon, hydrogen, and oxygen, gave 26.5 mg CO_2 and 14.4 mg H_2O. 30 mg of A, vaporized at 27 °C and 0.60 atm, occupied 20.5 mL. Answer the following questions.

(A) Which is the molecular formula of A?

(1) CH_2O (2) C_2H_6O (3) $C_2H_6O_2$

(4) C_3H_6O (5) $C_3H_6O_2$ (6) C_3H_8O

(B) How many structural isomers of A would be expected?

(1) 1   (2) 2   (3) 3

(4) 4   (5) 5   (6) 6

03. **(2008 CTS)** C_3H_8O has _____ isomers.

① two ② three ③ four ④ five ⑤ six

04. **(2009 CTS)** An unknown compound has the following percentage composition by weight: C = 61.0%, H = 15.3% and N = 23.7%. Its molecular mass is 59. Answer the following questions (A) and (B).

(A) Wich is the molecular formula of the compound?

① CH_5N_3 ② $C_2H_7N_2$ ③ C_3H_9N

(B) How many structural isomers of this compound are expected?

① 1 ② 2 ③ 3 ④ 4 ⑤ 5

05. **(2009 US)** Which compound has geometrical isomers (*cis-trans* isomer)? Choose one from 1) to 6).

1) $CH_2=CH-COOCH_3$ 2) $CH_3-CH(OH)-COOCH_3$

3) $H_3COOC-(CH_2)_3-COOCH_3$ 4) $CH_2=C(COOCH_3)_2$

52 · TREINAMENTO EM QUÍMICA – **MONBUKAGAKUSHO**

5) $H_3COOC–CH=CH–COOCH_3$ 6)

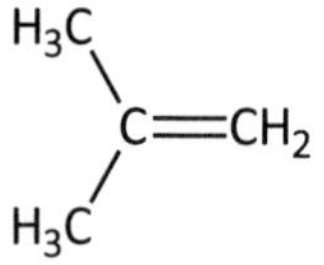

$$\begin{array}{c} H_3C \\ \\ H_3C \end{array}\!\!\!\! C\!\!=\!\!CH_2$$

06.   **(2009 US)** How many strutural isomers does dichloropropane $C_3H_6C\ell_2$ have?

07.   **(2010 CTS/US)** Of the isomers with the molecular formula C_4H_8, from ①–⑥ below choose the correct combination of them that have the following properties **(a)** and **(b)**.

(a)   Optical isomers are formed when the addition reaction of chlorine $(C\ell_2)$ takes place.

(b)   There exist *cis* and *trans* isomers.

	a	b
①	1-butene (but-1-ene)	1-butene (but-1-ene)
②	1-butene (but-1-ene)	2-butene (but-2-ene)
③	1-butene (but-1-ene)	methylpropene
④	methylpropene	1-butene (but-1-ene)
⑤	methylpropene	2-butene (but-2-ene)
⑥	methylpropene	methylpropene

CAPÍTULO 18
REAÇÕES ORGÂNICAS

01. **(2006 CTS)** The following figure shows a flow chart of the analysis of an ethereal sample solution containing phenol, acetic acid, aniline and nitrobenzene.

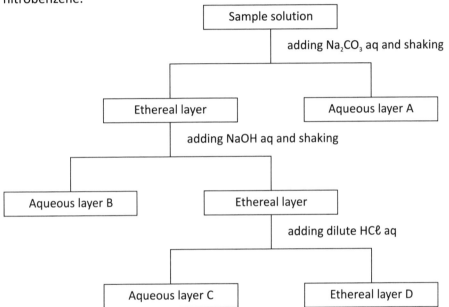

Write the number of the correct combination of compounds A, B, C e D in the answer box.

(1) A: aniline   B: acetic acid   C: nitrobenzene   D: phenol
(2) A: acetic acid B: phenol   C: aniline   D: nitrobenzene
(3) A: acetic acid B: aniline   C: phenol   D: nitrobenzene
(4) A: aniline   B: acetic acid   C: phenol   D: nitrobenzene
(5) A: nitrobenzene B: aniline   C: phenol   D: acetic acid

02. **(2006 CTS)** The molecular weight of amino acid $RCH(NH_2)COOH$ is 75. 18 amino acids condensed to give a substance resembling protein. Answer the following questions.

54 TREINAMENTO EM QUÍMICA – **MONBUKAGAKUSHO**

(A)   Which is the rational formula of the amino acid?

(1) $CH(NH_2)COOH$ (2) $CH_2(NH_2)COOH$

(3) $CH_3CH(NH_2)COOH$ (4) $CH_3CH_2(NH_2)COOH$

(5) $CH_3CH_2CH(NH_2)COOH$

(B)   Derive the molecular weight of the substance resembling protein.

(1)   1026   (2)   1044   (3)   1291   (4)   1305   (5)   1350

03.   **(2006 US)** Answer the following concerning the molecular formula $C_4H_{10}O$.

(1)   How many constitutional isomers (structural isomers) have the molecular formula $C_4H_{10}O$?

(2)   How many alcohols have molecular formula $C_4H_{10}O$?

(3)   How many ethers have the molecular formula $C_4H_{10}O$?

(4)   How many alcohols are active in the iodoform reaction?

(5)   How many alcohols do not react with $K_2Cr_2O_7$?

04.   **(2006 US)** Select the most appropriate reagent to distinguish each compound. The same answer cannot be used twice.

(1)	alcohols, ethers	(2)	aldehydes, ketones	(3)	carboxylic acids, esters
a.	glucose	b.	sodium hydrogencarbonate	c.	acetylene
d.	sodium	e.	ethylene	f.	sulfuric acid
g.	Fehling's solution	h.	methane	i.	ethanol

05.   **(2006 US)** Outlined here are synthetic processes of organic compounds. Select the structural formulas for the compounds **A** to **I** from (1) – (15).

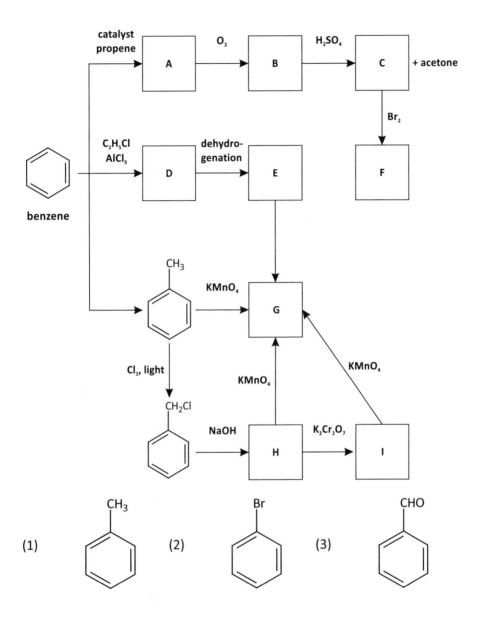

(4) 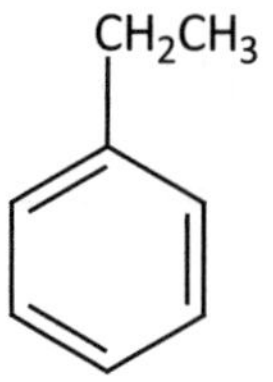 CH_2CH_3 (benzene ring)

(5) 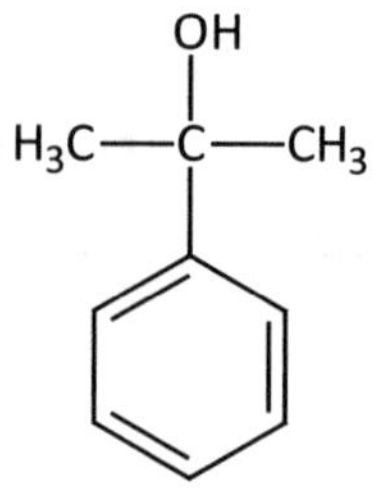 $H_3C-\underset{\underset{|}{OH}}{\overset{}{C}}-CH_3$ (with OH on top, benzene ring below)

(6) 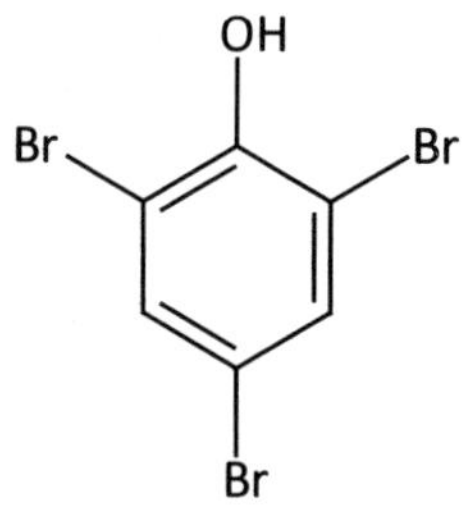 benzene ring with OH on top, Br, Br, and Br substituents

(7) 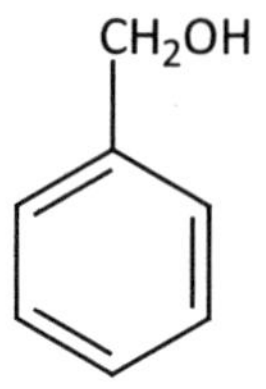 CH_2OH (benzene ring)

(8) 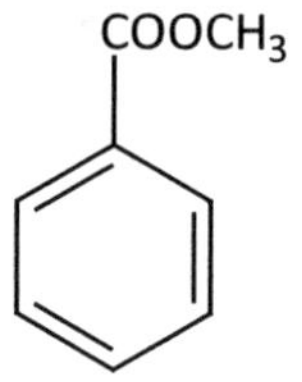 $COOCH_3$ (benzene ring)

(9) 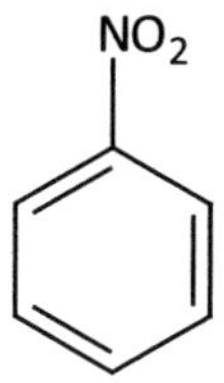 NO_2 (benzene ring)

(10) 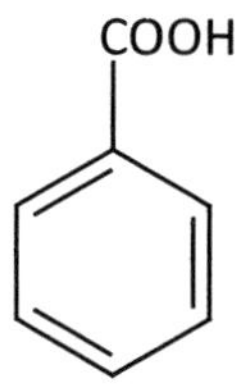 $COOH$ (benzene ring)

(11) 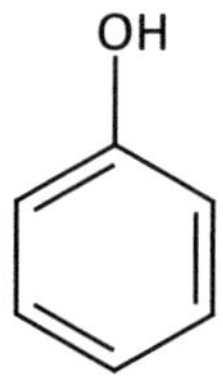 OH (benzene ring)

(12) 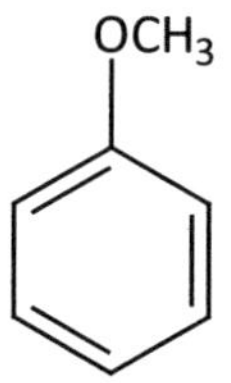 OCH_3 (benzene ring)

(13) 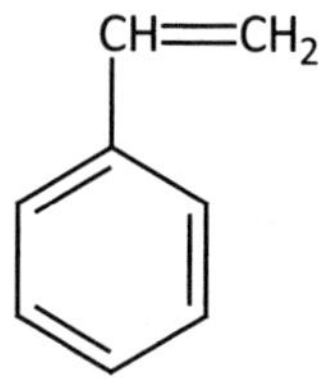 $CH{=}CH_2$ (benzene ring)

(14) 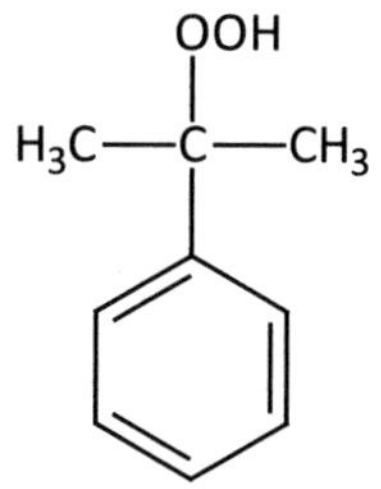 $H_3C-\underset{\underset{|}{}}{\overset{\overset{|}{OOH}}{C}}-CH_3$ (benzene ring below)

(15) 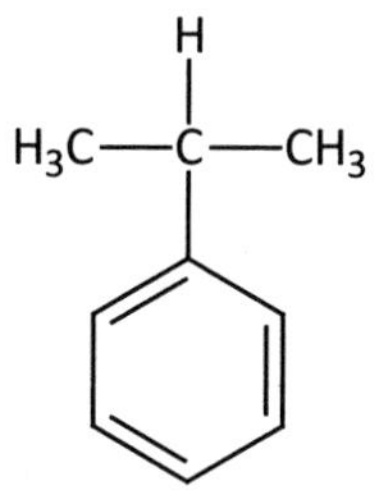 $H_3C-\underset{\underset{|}{}}{\overset{\overset{|}{H}}{C}}-CH_3$ (benzene ring below)

06. **(2007 CTS)** What is the degree of polymerization for the polyethylene with molecular weight 1.50×10^5?

① 3.45×10^2 ② 8.28×10^2 ③ 2.47×10^3

④ 5.36×10^3 ⑤ 1.39×10^4

07. **(2007 CTS)** An ester was synthesized by the reaction of the primary alcohol with acetic acid. After synthesizing the molecular weight of the ester was 1.7 times that of the original alcohol. Wich alcohol was used?

| ① | CH_3OH | ② | C_2H_5OH | ③ | C_3H_7OH |
| ④ | C_4H_9OH | ⑤ | $C_5H_{11}OH$ | | |

08. **(2007 US)** Exactly 4.32 g of oxygen gas was required to completely burn a 2.16 g sample of a mixture of methanol and ethanol. Answer the following questions (1) and (2).
(1) How many moles of ethanol are contained in the sample?

(2) What is the percentage by weight of methanol in the sample? Write the percentage to two significant figures.

09. **(2007 US)** Answer the following questions (1) to (3).
(1) Select the functional group from [B] of each of the compounds ①–⑧ in [A], and select the name of the compound from [C].

[A]	[B]	[C]
① CH_3OH	(a) ketone	(a) acetaldehyde
② CH_3CHO	(b) carboxyl	(b) methyl acetate
③ CH_3OCH_3	(c) nitro	(c) nitromethane
④ CH_3NO_2	(d) amino	(d) toluene
⑤ CH_3Br	(e) ester	(e) methylamine
⑥ CH_3COOH	(f) ether	(f) methanol
⑦ CH_3NH_2	(g) aldehyde	(g) dimethyl ether
⑧ CH_3COCH_3	(h) propyl	(h) acetic acid
	(i) sulfonyl	(i) ethanol
	(j) phenyl	(j) bromomethane
	(k) hydroxyl	(k) acetone
	(l) halogen	(l) xylene

(2) What is the product when ① and ⑥ in [A] are heated with a small amount of sulfuric acid? Select the product from [C].

(3) What is the product when ② in [A] is heated with ammoniacal silver nitrate solution? Select the product from [C].

10. **(2007 US)** Answer the following questions concerning oils and fats.
Question 1. Oils and fats are esters from higher fatty acids and [A]. The specific gravities of oils and fats are [B] than water, and oils and fats are insoluble in water but soluble in organic solvents. Oils and fats that are solid at ambient temperatures are called [C] and oils and fats that are liquid at ambient temperatures are called [D].
(1)   Write the reference of the correct answer to [A].

(a)   carboxylic acid   (b)   amine   (c)   glycerol (glycerin)
(d)   glycol   (e)   halogen

(2)   Select an appropiate word for [B].
(a)   heavier   (b)   bigger   (c)   smaller
(d)   higher   (e)   harder

(3)   Select an appropiate word for [C].
(a)   fatty oil   (b)   ether   (c)   margarine
(d)   soap   (e)   fat

(4)   Select an appropiate word for [D].
(a)   fatty oil   (b)   ether   (c)   margarine
(d)   soap   (e)   fat

Question 2. A kind of fatty acid was obtained by hydrolisis of some oil and fat. For hydrolysis of 0.884 g of the oil and fat, 15 mL of 0.2 mol/L aqueous solution of potassium hydroxide was required.
(5)   What is the molecular weight of the oil and fat?

(6)   What is the molecular weight of fatty acid?

11. **(2008 CTS)** Answer the following questions (A) and (B).
(A)   Three molecules of the same amino acid are condensed to synthesize a tripeptide. The molecular mass of the tripeptide is 2.52 times that of the amino acid. What is the molecular mass of the amino acid?
① 75   ② 89   ③ 117   ④ 131   ⑤ 146

(B) How many isomeric tripeptides are possible if they are synthesized from three different kinds of amino acid?

① 3   ② 6   ③ 9   ④ 18   ⑤ 27

12. (2008 US) Outlined here are synthetic processes of organic compounds. Answer the questions (1) to (4).

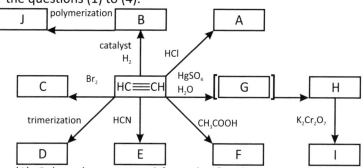

Question (1): Select the structural formulas for the compounds A to J from (1) – (20). Compound G is an unstable intermediate.

1) CH_3CH_2Cl
2) CH_3CH_3
3) CH_3CH_2CN
4) $BrHC=CHBr$
5) $\left[-CH_2-CH_2-\right]_n$
6) CH_3CHO
7) CH_3COOH
8) CH_3CH_2Br
9) $BrCH_2CH_2Br$
10) $H_2C=CHCOCH_3$ (with C=O)
11) $H_2C=CHOH$
12) $H_2C=CH_2$
13) $H_2C=CHCN$
14) CH_3OH
15) $H_3C-C(=O)-CH_3$
16) $CH_3CH_2CH_3$
17) 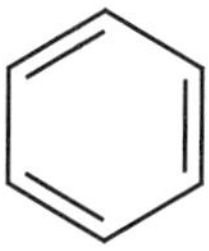 (benzene ring)
18) $HCHO$

19) $H_2C=CHC\ell$

20) $H_2C=CHOCCH_3$, with O double-bonded above the C ($\overset{\displaystyle O}{\overset{\|}{}}$)

Question (2): Among the compounds (1) – (20) shown above, two undergo the silver mirror reaction. Select the two compounds from (1) to (20).

Question (3): What color precipitate is formed by the passage of acetylene gas into an aqueous solution of ammoniac silver nitrate? Choose from (1) to (5) shown below.

Question (4): What color precipitate is formed by the passage of acetylene gas into an aqueous solution of ammoniac copper (I) chloride? Choose from (1) to (5) shown below.

(1)   white   (2)   black   (3)   red   (4)   blue   (5)   yellow

13.   (2009 CTS) The sugar wich does not reduce the Fehling's solution is

_____.

①   glucose   ②   fructose   ③   galactose
④   sucrose   ⑤   maltose

14.   (2009 CTS) Compounds A and B have the some molecular formula $C_4H_{10}O$. Both compounds react with sodium generating H_2 gas. Compound A is readly oxidized by $K_2Cr_2O_7$, but compound B is not. Compound A has a stereogenic carbon atom.
Choose the description of the correct combination of compounds A and B.

①	A: $CH_3CH_2CH_2CH_2OH$	B: $(CH_3)_3COH$
②	A: $CH_3CH_2CH_2CH_2OH$	B: $CH_3CH_2OCH_2CH_3$
③	A: $(CH_3)_2CHCH_2OH$	B: $(CH_3)_3COH$
④	A: $(CH_3)_3COH$	B: $CH_3CH_2CH(OH)CH_3$
⑤	A: $CH_3CH_2CH(OH)CH_3$	B: $(CH_3)_3COH$
⑥	A: $(CH_3)_3COH$	B: $(CH_3)_2CHCH_2OH$

15.   (2009 US) Outlined here are synthetic processes of some aromatic compounds. Select the structural formulas for the compounds **A** to **I** from ①~②⓪.

18 • REAÇÕES ORGÂNICAS

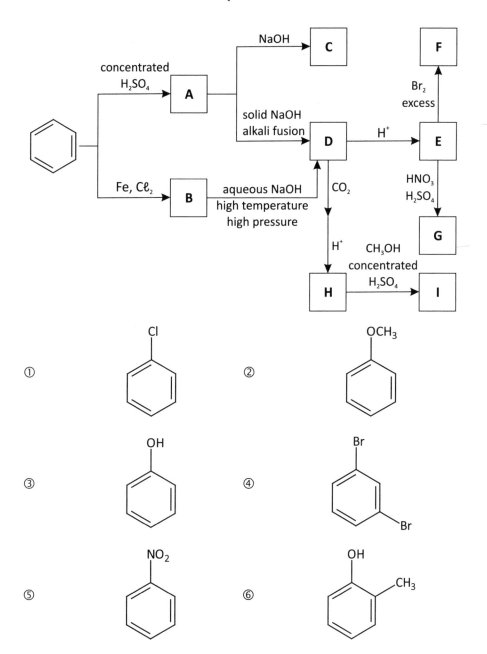

⑦

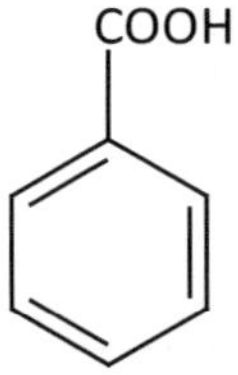
COOH

⑧

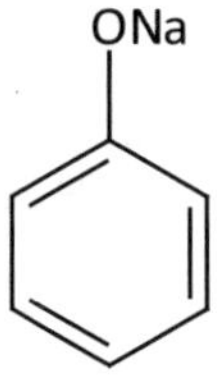
ONa

⑨

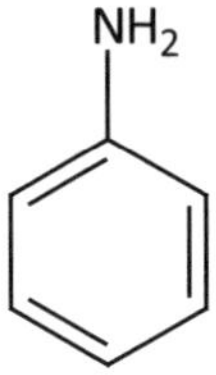
NH_2

⑩

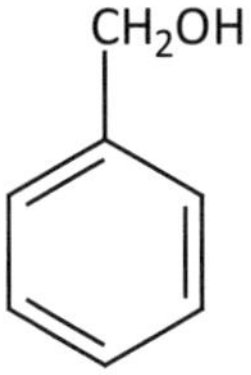
CH_2OH

①①

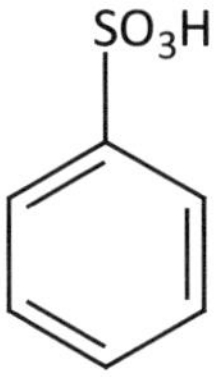
SO_3H

①②

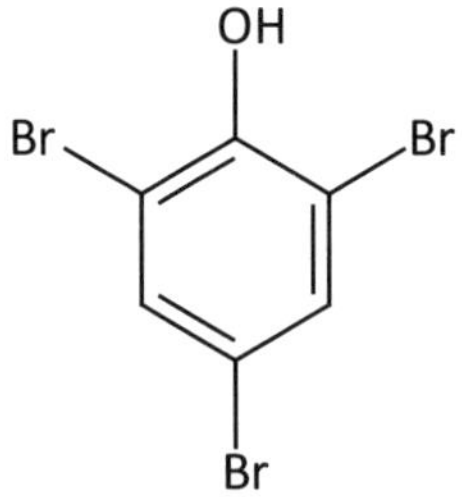
OH
Br
Br
Br

①③

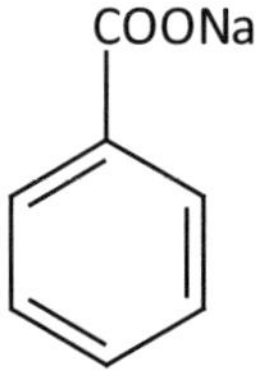
COONa

①④

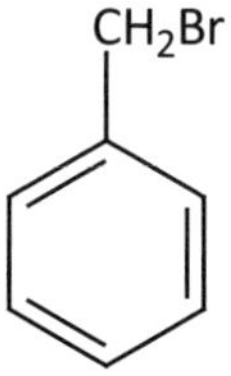
CH_2Br

①⑤

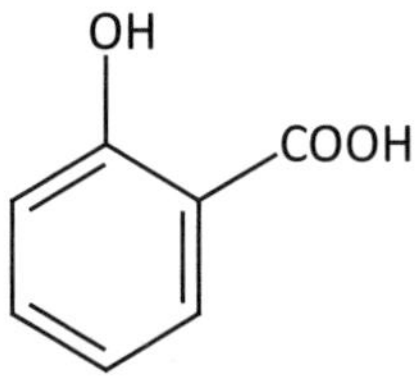
OH
COOH

①⑥

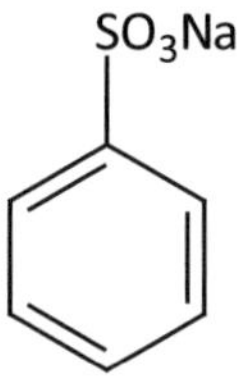
SO_3Na

18 • Reações Orgânicas

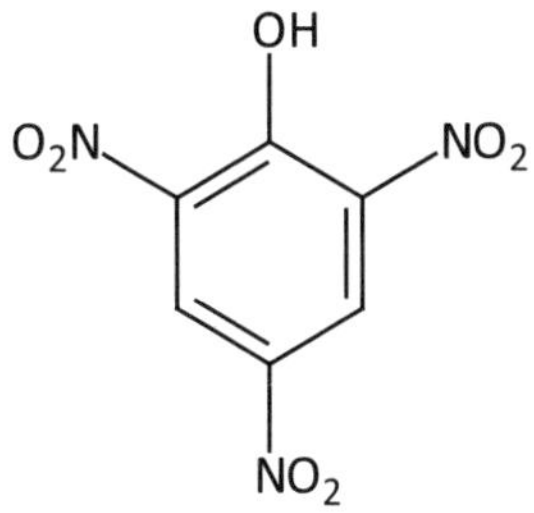

①⑦

OH, O₂N, NO₂, NO₂ (picric acid structure)

①⑧

CH₂OH, CH₃ (structure)

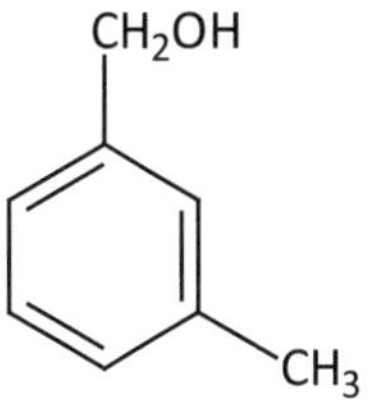

①⑨

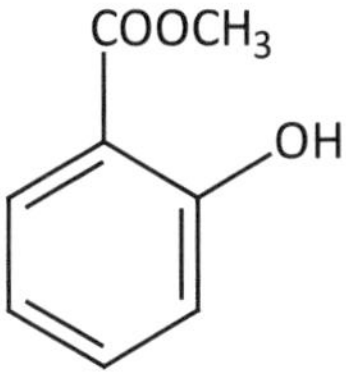

COOCH₃, OH (structure)

②⓪

COOH, COOH (structure)

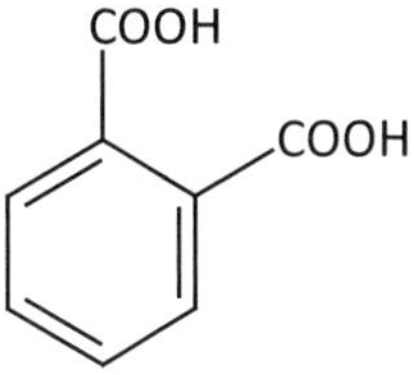

16. **(2009 US)** Answer the questions (1) to (3).

(1)   Which is correct as the nature of phenol? Select two from 1) to 6).

1)   soluble in water, and neutral

2)   insoluble in water

3)   soluble in water, and acidic

4)   soluble in water, and basic

5)   undergoes silver mirror reaction

6)   shows blue and purple when treated with iron (III) chloride aqueous solution

(2)   Which is correct as the nature of ethanol? Select one from 1) to 6).

1)   soluble in water, and neutral

2)   insoluble in water

3)   soluble in water, and acidic

4)   soluble in water, and basic

5)   undergoes silver mirror reaction

6)   shows blue and purple when treated with iron (III) chloride aqueous solution

(3) What happens when phenol is treated with NaOH aqueous solution?
1) The product is soluble in water.   2)   The product is precipitated.
3) Nothing happens.   4)   It turns blue.
5) It tuns yellow.

17. **(2009 US)** When propene C_3H_6 undergoes addition of bromine Br_2, how many mol of Br_2 can react with 1 mol of propene?

18. **(2010 CTS/US)** Hydrogen (H_2) is added to 0.10 mol of fat wich contains only oleic acid $C_{17}H_{33}COOH$ as the fatty acid component. How much hydrogen (in L) at the standard state is necessary to saturate the fat completely. From from ①-⑤ bellow choose the closest value.

① 0.67   ② 1.12   ③ 2.24   ④ 4.48   ⑤ 6.72

19. **(2010 CTS/US)** From ①-⑥ bellow choose the correct combination of compounds (a)–(d) wich are appropriate as the starting compounds for the following synthesis of nylon-6,6.

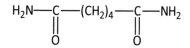

(a) HO—C(=O)—(CH₂)₄—C(=O)—OH   (b) H₂N—C(=O)—(CH₂)₄—C(=O)—NH₂

(c) HO–(CH₂)₆–OH   (d) H₂N–(CH₂)₆–NH₂

① a, b   ② a, c   ③ a, d
④ b, c   ⑤ b, d   ⑥ c, d

Gabaritos & Soluções

01 •	Aspectos Macroscópicos ...	67
02 •	Estrutura Atômica ...	69
03 •	Tabela Periódica ...	71
04 •	Ligações Químicas ...	73
05 •	Reações Químicas ...	79
06 •	Relações Numéricas ...	85
07 •	Estudo dos Gases ...	87
08 •	Estequiometria ...	89
09 •	Soluções ...	91
10 •	Estequiometria de Soluções ...	95
11 •	Propriedades Coligativas das Soluções ...	97
12 •	Termoquímica • Termodinâmica Química ...	99
13 •	Cinética Química • Equilíbrio Químico ...	101
14 •	Equilíbrio Iônico ...	105
15 •	Eletroquímica ...	111
16 •	Funções Orgânicas ...	119
17 •	Isomeria ...	133
18 •	Reações Orgânicas ...	139
	Apêndice SI ...	163
	Bibliografia ...	173

2011 Ano Internacional da Química

*No ano de 2011 comemora-se o 100º aniversário do Prêmio Nobel de Química para **Marie Sklodowska Curie**, o que, de acordo com os organizadores do Ano Internacional da Química, motivará uma celebração pela contribuição das mulheres à ciência.*

Marie Sklodowska Curie *recebeu dois prêmios Nobel: em 1903, o Nobel de Física, compartilhado com **Antoine Henri Becquerel** e **Pierre Curie**, por pesquisas sobre o fenômeno da radioatividade espontânea; e em 1911, o Nobel de Química, pela descoberta dos elementos rádio (Z = 88) e polônio (Z = 84).*

Nada na vida deve ser temido, somente compreendido. Agora é hora de compreender mais para temer menos.

Marie Curie

CAPÍTULO 01
ASPECTOS MACROSCÓPICOS

01. ④
Amostras de iodo costumam conter grande quantidade de impurezas, que podem ser facilmente eliminadas por *sublimação* (iodo sublima com facilidade).
Nitrato de potássio é purificado por *recristalização*, uma vez que apresenta o mais importante para este método: tem solubilidade relativamente baixa em baixas temperaturas (13,3 g/100 g a 0 °C) e solubilidade muito alta em altas temperaturas (246 g/100 g a 100 °C). Rápida explicação deste processo físico de purificação:
A recristalização é um método de purificação de compostos que são sólidos a temperatura ambiente. O princípio deste método consiste em dissolver o sólido em um solvente quente e logo resfriar lentamente. Na baixa temperatura, o material dissolvido tem menor solubilidade, ocorrendo o crescimento de cristais.
Se o processo for lento, ocorre a formação de cristais, então chamamos de cristalização; se for rápido, chamamos de precipitação. O crescimento lento dos cristais, camada por camada, produz um produto mais puro, uma vez que as impurezas ficam na solução. Quando o resfriamento é rápido, as impureza são arrastadas junto com o precipitado, produzindo um produto impuro.
O fator crítico na recristalização é a escolha do solvente: o solvente ideal é aquele que dissolve pouco a frio e muito a quente.

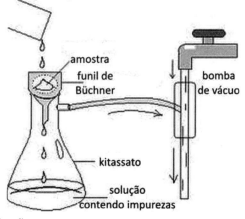

Etapas da recristalização:
1 Dissolver o sólido, adicionando pequenas quantidades de solvente quente.
2 Filtrar a quente em funil de Büchner, removendo alguma impureza insolúvel (toda a vidraria deve estar pré-aquecida).
3 Resfriar lentamente, formando cristais puros. Coletar os cristais.

CAPÍTULO 02

ESTRUTURA ATÔMICA

01. 3

Elétrons de valência são os elétrons do último nível, observe:

Elemento	Distribuição eletrônica por subníveis	Distribuição eletrônica por níveis
$_6C$	$1s^2\, 2s^2\, 2p^2$	$2-4$
$_8O$	$1s^2\, 2s^2\, 2p^4$	$2-6$
$_{11}Na$	$1s^2\, 2s^2\, 2p^6\, 3s^1$	$2-8-1$
$_{16}S$	$1s^2\, 2s^2\, 2p^6\, 3s^2\, 3p^4$	$2-8-6$
$_{20}Ca$	$1s^2\, 2s^2\, 2p^6\, 3s^2\, 3p^6\, 4s^2$	$2-8-8-2$

02. 5

O átomo ^{13}C apresenta Z = 6 e A = 13. Assim, 6 prótons, 7 nêutrons e 6 elétrons. Os dois isótopos do carbono mais abundantes na Natureza são ^{12}C (98,9%) e ^{13}C (1,1%). ^{14}C é radioativo ($t_{\frac{1}{2}}$ = 5730 anos), e apresenta apenas *traços* na Natureza.

03. ③

$1s^2\, 2s^2\, 2p^6\, 3s^2$ corresponde a K = 2 L = 8 M = 2. Z = 12 corresponde ao magnésio.

04. ⑤

O oxigênio (Z = 8) apresenta três isótopos naturais:

Isótopo	Abundância natural	Estabilidade
^{16}O	99,762%	estável com 8 nêutrons
^{17}O	0,038%	estável com 9 nêutrons
^{18}O	0,2%	estável com 10 nêutrons

05. ③

Argônio é o terceiro gás nobre, apresenta Z = 18 ($_{18}Ar$). É isoeletrônico de $_{17}C\ell^-$.

06. ②

① $_5B$ $1s^2\, 2s^2\, 2p^1$ L = 3

② $_{17}C\ell$ $1s^2\, 2s^2\, 2p^6\, 3s^2\, 3p^5$ M= 7

③ $_2He$ $1s^2$ K = 2

70   Treinamento em Química – **Monbukagakusho**

④ $_{11}Na$ $1s^2\,2s^2\,2p^6\,3s^1$ M = 1

⑤ $_{16}S$ $1s^2\,2s^2\,2p^6\,3s^2\,3p^4$ M = 6

07.   ④

Para que tenhamos 32 nêutrons e 24 elétrons no cátion trivalente, temos que ter:

$$_{27}^{59}Co^{3+}$$

Capítulo 03

Tabela Periódica

01. 4

Não há muitos elementos que existam como gases em condições ambientes:

grupo 18: **He**, Ne, **Ar**, Kr, Xe, Rn

grupo 17: F, Cℓ

grupo 16: **O** (tanto na forma O_2 quanto na forma O_3)

grupo 15: N

grupo 1: **H**

Assim, as 5 substâncias simples referenciadas são H_2, O_2, O_3, Ar e He.

02. 1

Em geral, a primeira energia de ionização diminui de cima para baixo nos grupos, e da direita para a esquerda nos períodos. Há algumas "anomalias", notadamente no segundo período, no qual a ordem "normal" seria:

Li < Be < B < C < N < O < F < Ne

Como o último subnível do Be é $2s^2$, e apresenta simetria esférica (orbital cheio ou semi-cheio), é mais estável que o último subnível do B: inversão B < Be.

Como o último subnível do N é $2p^3$, e apresenta simetria esférica (orbital cheio ou semi-cheio), é mais estável que a camada de valência do O: inversão O < N. Assim:

Li < B < Be < C < O < N < F < Ne

A tabela de energias de ionização que apresentamos no início do livro confirma:

elemento	Li	B	Be	C	O	N	F	Ne
1ª EI (kJ/mol)	520	800	900	1086	1314	1402	1681	2080

Sinta-se incentivado a conferir lá quaisquer outros valores que deseje.

03. 5

A primeira energia de ionização, em geral, decresce de cima para baixo. Og gases nobres seguem esta tendência: He > Ne > Ar > Kr > Xe.

Ligações Químicas

Capítulo 04

01. 4
Num cristal molecular, os nós de rede são moléculas. Por exemplo, $CO_2(s)$ é um cristal molecular formado por moléculas apolares, enquanto $SO_2(s)$ é um cristal molecular formado por moléculas polares. Em ambos os casos, o ponto de fusão é baixo, uma vez que as atrações intermoleculares **não** são grandes.

02. 5

substância	cristal	nós de rede
cloreto de sódio	iônico	cátions Na^+ e ânions $C\ell^-$
dióxido de carbono	molecular	moléculas CO_2
diamante	covalente	átomos de C ligados covalentemente (sp^3)
naftaleno	molecular	moléculas $C_{10}H_8$

A figura a seguir diferencia muito bem diamante (sp^3) e grafite (sp^2).

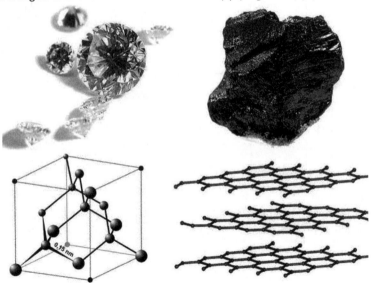

03. ②
No $NaC\ell O_2$ o $C\ell$ apresenta nox = +3, bem como o $A\ell$ no $A\ell_2O_3$.

$$\begin{array}{ccc} +1 & +3 & -2 \\ Na & C\ell & O_2 \end{array} \qquad \begin{array}{cc} +3 & -2 \\ A\ell_2 & O_3 \end{array}$$

74 TREINAMENTO EM QUÍMICA – MONBUKAGAKUSHO

Em NH_3, N = –3; em FeO, Fe = +2; em $KMnO_4$, Mn = +7; em NO_3^-, N = +5.

04. ⑤

No HNO_3 o N apresenta nox = +5, bem como no N_2O_5.

$$+1 \quad +5 \quad -2 \qquad +5 \quad -2$$
$$H \quad N \quad O_3 \qquad N_2 \quad O_5$$

Para nomenclatura, HNO_3 é o ácido nítrico, e o N_2O_5 é o anidrido nítrico. Em NH_3, N = –3; em N_2, N = 0; em NO, N = +2; em N_2O_4, N = +4.

05. ①

#	fórmula	VSEPR	estrutura	geometria
①	CO_2	CO_2E_0	O = C = O	linear
②	H_2O	OH_2E_2	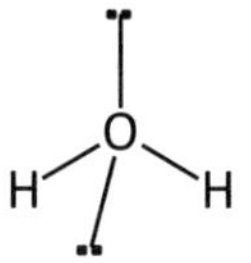	angular
③	NH_3	NH_3E_1	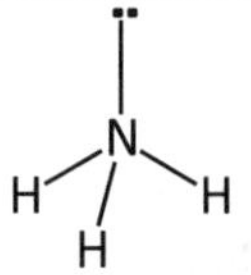	piramidal
④	C_2H_2	–	$H - C \equiv C - H$	linear
⑤	CH_3OH	$CH_3(OH)E_0$	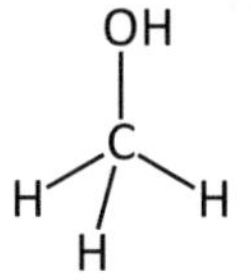	tetraédrica

06. 3

$NH_4C\ell$ é um composto iônico. No cátion amônio (NH_4^+), temos nox do N = –3 e nox do H = +1, totalizando a carga de +1. Naturalmente, no ânion $C\ell^-$, o cloro tem nox = –1.

07. 2

Naftaleno, composto orgânico, de molécula apolar, apresenta ponto de fusão baixo (80,3 °C). É bem conhecida a sublimação do naftaleno.

Cloreto de sódio, composto iônico, apresenta ponto de fusão alto, típico dos compostos iônicos (802 °C).

Grafite forma um cristal covalente, de ponto de fusão muito elevado (por volta de 3500 °C).

04 • LIGAÇÕES QUÍMICAS

Logo, a ordem desejada é:

grafite > cloreto de sódio > naftaleno
A > C > B

08. 1
Para formar uma ligação coordenada com o cátion Fe^{2+}, a espécie precisa apresentar um par de elétrons disponível. Todas as listadas apresentam, com exceção do metano. Confira: H_2O tem dois pares disponíveis; NH_3 tem um; $C\equiv N^-$ tem dois; $C\ell^-$ tem quatro; e OH^- tem 3.

09. ④
No ânion sulfato (SO_4^{2-}), temos O com nox –2 e S com nox +6, totalizando a carga de –2.

10. 2
Compare com as questões **01** e **02** deste capítulo, que tratam do mesmo assunto, ocasionalmente com os mesmos exemplos.

substância	cristal	nós de rede
cloreto de sódio	iônico	cátions Na^+ e ânions $C\ell^-$
dióxido de carbono	molecular	moléculas CO_2
dióxido de silício	covalente	átomos de Si e O ligados covalentemente
ferro	metálico	cátions ferro (há elétrons semilivres)
diamante	covalente	átomos de C ligados covalentemente (sp^3)

Ilustramos abaixo a estrutura do SiO_2, numa vista "plana". Sempre haverá um quarto átomo de oxigênio ligado a cada silício, atrás do plano ou à frente dele. Este átomo foi omitido por clareza.

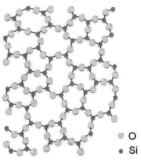

Entendeu o motivo pelo qual CO_2 (O = C = O) e SiO_2 são substâncias tão diferentes?

11. ②

Vamos esquematizar as estruturas de cada molécula citada:

①	C_2H_2	$H—C{\equiv}C—H$
②	CO_2	$O{=}C{=}O$
③	H_2O_2	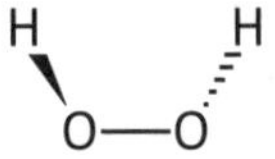 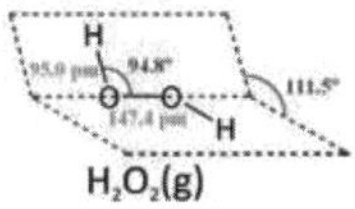 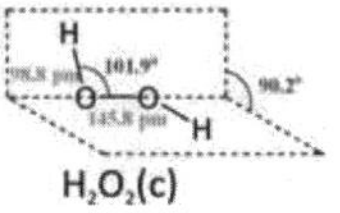 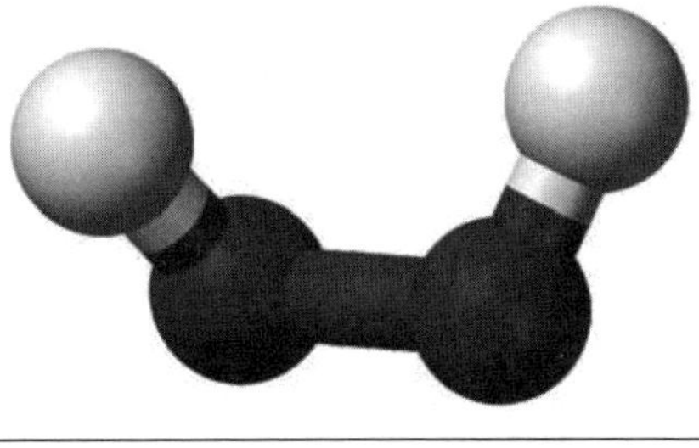
④	CH_4	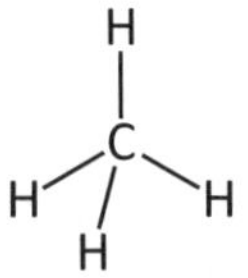
⑤	$H_2C = CH - CH_3$	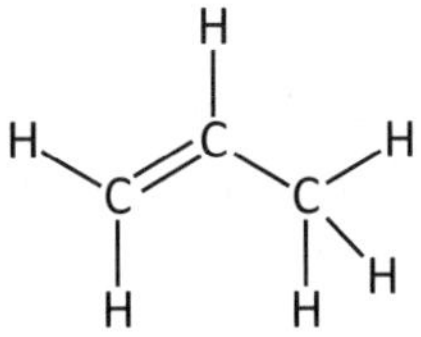 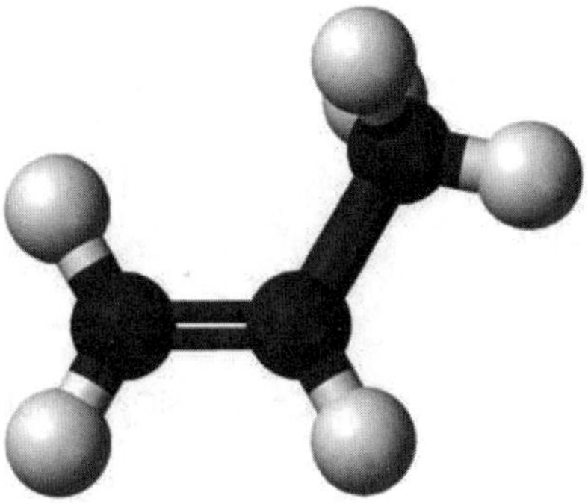

04 • Ligações Químicas

12. ①
No SO_2 temos S com nox = +4, e no H_2SO_4 temos S com nox = +6. Assim, a variação de nox é 2. A reação citada é:

$$Cu + 2\ H_2SO_4 \rightarrow CuSO_4 + SO_2 + 2\ H_2O$$

REAÇÕES QUÍMICAS

CAPÍTULO 05

01. 1

a) H passa de 0 para +1, é oxidado.

b) $C\ell$ passa de 0 para –1, é reduzido.

c) Na passa de 0 para +1, é oxidado.

d) Mg passa de 0 para +2, é oxidado.

e) Zn passa de 0 para +2, é oxidado.

02. 4

(1) Acrescentando NH_3(aq), dependendo das concentrações de Ag^+ e Cu^{2+} e da concentração de OH^- gerada pela amônia, podemos ter uma situação semelhante à (3).

(2) Acrescentando H_2S(aq), teremos a precipitação de Ag_2S e CuS, ambos negros.

(3) Acrescentando NaOH(aq), teremos a precipação tanto de Ag_2O quanto de $Cu(OH)_2$. O hidróxido de prata (AgOH) se transforma rapidamente em óxido de prata (marrom escuro ou negro) por desidratação. $Cu(OH)_2$ é um sólido azul-claro gelatinoso.

(4) Acrescentando $HC\ell$(aq), teremos a precipitação do $AgC\ell$ (sólido branco cuja solubilidade em água é 520 µg / 100 g a 50 °C) e não teremos a precipitação de $CuC\ell_2$ (solubilidade em água de 757 g/L a 25 °C).

(5) Acrescentando HNO_3(aq), não teremos nenhuma precipitação, uma vez que nitratos são solúveis.

03. 2

Lembrando que H_2SO_4 diluído não é oxidante, teremos:
$$FeS(s) + H_2SO_4(aq, dil) \rightarrow FeSO_4(aq) + H_2S(g)$$
$FeSO_4 \cdot 7\ H_2O$(s) é verde-azulado. H_2S é um gás com odor de ovos podres.

04. ④

Vamos balancear usando o método do íon-elétron, observando que a reação se passa em meio básico:

oxidação: $Cr^{3+} \rightarrow CrO_4^{2-}$
$$2\ Cr^{3+} + 8\ OH^- \rightarrow CrO_4^{2-} + 4\ H_2O + 3\ e^-$$
redução: $H_2O_2 \rightarrow OH^-$
$$H_2O_2 + 2\ e^- \rightarrow 2\ OH^-$$

Combinando as duas semi-equações (1ª × 2 e 2ª × 3), cancelando os 6 elétrons e "acertando" os íons OH⁻ que existem nos dois membros, obtemos:

$$2\ Cr^{3+} + 10\ OH^- + 3\ H_2O_2 \rightarrow 2\ CrO_4^{2-} + 8\ H_2O$$

05. 2

1   Quando se adiciona NH₃(aq) a um precipitado de AgCℓ, este se dissolve devido à formação do íon [Ag(NH₃)₂]⁺ (diaminprata). Assim, ficam em solução [Ag(NH₃)₂]⁺ e Cℓ⁻. Abaixo, um modelo deste íon complexo:

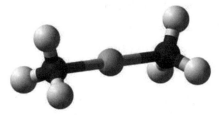

2   A adição de NH₃(aq) a sais de alumínio produz um precipitado gelatinoso, que corresponde a um hidrogel amorfo de Aℓ(OH)₃ que, por aquecimento, produz Aℓ₂O₃ e água.

3   Cu(OH)₂ se dissolve em NH₃(aq) com formação do complexo [Cu(NH₃)₄(H₂O)₂]²⁺. A solução é intensamente azul é conhecida como reagente de Schweitzer, e tem a propriedade de dissolver a celulose. A celulose pode ser precipitada por adição de ácido (fabricação de seda artificial). Abaixo, um modelo deste íon complexo:

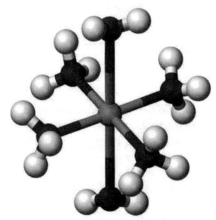

4   Zn(OH)₂ é quase insolúvel em água. A solubilidade do composto em NH₃(aq) deve-se à formação do íon complexo [Zn(NH₃)₄]²⁺: ficam em solução os íons [Zn(NH₃)₄]²⁺ e OH⁻.

05 • REAÇÕES QUÍMICAS

06. 2
Os metais que reagem com a água em temperatura ambiente são os metais alcalinos (todos) e alguns metais alcalino-terrosos (Ca, Sr, Ba, Ra). O Be não reage com a água, e o Mg só reage com água fervente. A reação em questão é:
$$Ca(s) + 2\ H_2O(\ell) \rightarrow Ca(OH)_2(aq) + H_2(g)$$

07. 1
$$NaC\ell + H_2SO_4(conc, \Delta) \rightarrow NaHSO_4(aq) + HC\ell(g)$$

Esta é uma reação histórica! O ácido clorídrico foi descoberto em torno do ano 800 pelo alquimista persa JABIR IBN HAYYAN (GEBER), misturando sal comum com ácido sulfúrico (vitríolo).

JABIR descobriu ou inventou um grande número de produtos químicos e relatou suas descobertas em mais de vinte obras, que permitiram a propagação de seus conhecimentos sobre o ácido clorídrico e de outros produtos químicos através dos séculos. A água régia, sua invenção, uma mistura do ácido clorídrico com o ácido nítrico, permite dissolver o ouro e foi uma participação sua na famosa busca dos alquimistas pela pedra filosofal.

08. 4
1) $A\ell_2S_3$ se decompõe em $A\ell(OH)_3(s)$ e $H_2S(g)$. $A\ell(OH)_3$ é um precipitado branco.
2) BaS(s) é um composto incolor quando puro.
3) CdS(s) é um precipitado amarelo.
4) PbS(s) é um precipitado negro.
5) ZnS(s) é um precipitado branco-amarelado.

09. 3, 6
$$Na_2SO_3(aq) + H_2SO_4(aq) \rightarrow Na_2SO_4(aq) + H_2O(\ell) + SO_2(g)$$
Em verdade, o ácido sulfuroso, H_2SO_3, não é conhecido em estado livre. A solução aquosa de SO_2, nitidamente ácida, é considerada como contendo ácido sulfuroso, diprótico.

10.
Vamos mostrar todas as reações:

$$Ca + 2 H_2O \rightarrow Ca(OH)_2 + H_2 \quad d = 2$$
$$Ca(OH)_2 + H_2SO_4 \rightarrow CaSO_4 + 2 H_2O \quad a = 3$$
$$2 Ca(OH)_2 + 2 C\ell_2 \rightarrow Ca(C\ell O)_2 + CaC\ell_2 + 2 H_2O \quad b = 8$$
$$Ca(OH)_2 + CO_2 \rightarrow CaCO_3 + H_2O \quad g = 5$$
$$CaCO_3 + 2 HC\ell \rightarrow CaC\ell_2 + H_2O + CO_2 \quad c = 6$$
$$CaCO_3 \rightarrow CaO + CO_2 \quad h = 1$$
$$CaO + 3 C \rightarrow CaC_2 + CO \quad e = 4$$
$$CaCO_3 + H_2O + CO_2 \rightarrow Ca(HCO_3)_2 \quad f = 7$$

Resumimos então para fins de resposta:

(a) 3 sulfato de cálcio (b) 8 "pó branqueador"*
(c) 6 cloretode cálcio (d) 2 hidróxido de cálcio
(e) 4 carbeto de cálcio (f) 7 hidrogenocarbonato de cálcio
(g) 5 carbonato de cálcio (h) 1 óxido de cálcio

(*) Chama-se de "*pó branqueador*" (tradução livre de *bleaching powder*) à mistura equimolar de hipoclorito de cálcio e cloreto de cálcio. No passado, esta mistura já foi escrita como CaCℓ(CℓO), logo CaCℓ_2O, daí CaOCℓ_2, logo chamada de... cloreto de cal!? Acredite... se puder! Esta mistura normalmente contém quantidades maiores ou menores de hidróxido de cálcio.

11. 1

MnO$_2$ ocorre na Natureza no mineral pirolusita, marrom-escuro ou negro.
A reação de HCℓ concentrado com MnO$_2$ foi usada por CARL WILHELM SCHEELE na primeira obtenção do gás cloro em 1774:

$$MnO_2 + 4 HC\ell \rightarrow MnC\ell_2 + C\ell_2 + 2 H_2O$$

Apesar de hoje se ter consciência das descobertas de SCHEELE para o desenvolvimento da química, muitas dessas descobertas, à época, não lhe foram creditadas.
Quando descobriu o cloro, não o reconheceu como um elemento, acreditava apenas que era um composto que continha um dos gases do ar. 30 anos depois, o inglês Humphry Davy compreendeu que o gás era um elemento. Davy ainda daria o nome ao novo elemento por conta de sua aparência (cloro significa *verde-claro* em grego).

12. 3

1   A adição de ácido nítrico não teria nenhum efeito, uma vez que a imensa maioria dos nitratos é solúvel.

2   A adição do ânion carbonato precipitaria CuCO$_3$ (verde-azulado) e PbCO$_3$ (branco).

05 • REAÇÕES QUÍMICAS

3   A adição de ácido sulfúrico não teria efeito sobre o Cu^{2+}, uma vez que o $CuSO_4$ é solúvel, mas precipitaria $PbSO_4$ (branco).

4   A adição de sulfeto de hidrogênio precitaria tanto CuS (negro) quanto PbS (negro).

13. 5

Repetimos aqui o início da resolução da questão **06**. Há poucas opções para o metal C, observe:

Os metais que reagem com a água em temperatura ambiente são os metais alcalinos (todos) e alguns metais alcalino-terrosos (Ca, Sr, Ba, Ra). O Be não reage com a água, e o Mg só reage com água fervente.

Assim, C é um destes metais, e A e B não. A reage com um ácido oxidante, e B não. Assim, B é tipicamente ouro ou platina. Assim, a ordem geral é:

$$C > A > B$$

14. 6, 2, 5

a)   6   Os íons OH^- gerados pela ionização da amônia levarão à precipitação de $Fe(OH)_3$, de cor marrom avermelhado (cor de ferrugem).

b)   2   Os íons sulfeto do sulfeto de amônio vão precipitar sulfeto férrico, que é negro. Este é um composto *artificial* (não existe na natureza).

c)   5   Teremos a formação de $Fe_4[Fe(CN)_6]_3$, pigmento conhecimento como ferrocianeto férrico ou a*zul da Prússia*. Existe um composto muito semelhante, que é o $Fe_3[Fe(CN)_6]_2$, conhecido como ferricianeto ferroso ou *azul de Turnbull*. Ambos apresentam tonalidade azul escuro.

15. ④

(a) Al_2O_3 é óxido anfótero, CaO e Na_2O são óxidos básicos.

(b) HCl e HI têm alta solubilidade em água, H_2S é pouco solúvel e sua solução é fracamente ácida.

(c) CH_4, NH_3 e PH_3 são os hidretos de C, N e P, respectivamente.

16. ③

Al e Zn são metais anfóteros. Assim, se dissolvem tanto em ácidos quanto em bases. Isto torna corretas para ambos as opções ① e ②. Observe:

$$2\ Al(s) + 6\ HCl(aq) \rightarrow 2\ AlCl_3(aq) + 3\ H_2(g)$$

$$2\ Al(s) + 2\ NaOH(aq) + 2\ H_2O(l) \rightarrow 2\ NaAlO_2(aq) + 3\ H_2(g)$$

$$Zn(s) + 2\ HCl(aq) \rightarrow ZnCl_2(aq) + H_2(g)$$

$$Zn(s) + 2\ NaOH(aq) \rightarrow Na_2ZnO_2 + H_2(g)$$

A formação de precipitado ocorre com a adição de $OH^-(aq)$ em quantidade adequada, seja $NH_3(aq)$ ou NaOH (aq) a fonte:

$$Al^{3+}(aq) + 3\ OH^-(aq) \rightarrow Al(OH)_3(s)$$

$$Zn^{2+}(aq) + 2\ OH^-(aq) \rightarrow Zn(OH)_2(s)$$

Se a fonte de $OH^-(aq)$ for NaOH(aq), a adição de excesso de NaOH dissolve o precipitado:

$$Al(OH)_3(s) + OH^-(aq) \rightarrow Al(OH)_4^-(aq)$$

$$Zn(OH)_2(s) + 2\ OH^-(aq) \rightarrow Zn(OH)_4^{2-}(aq)$$

Isto torna correta para ambos a opção ④.

Se a fonte de $OH^-(aq)$ for $NH_3(aq)$, apenas no caso do zinco haverá dissolução do precipitado:

$$Zn(OH)_2(s) + 4\ NH_3(aq) \rightarrow Zn(NH_3)_4^{2+}(aq) + 2\ OH^-(aq)$$

Não há nenhuma complexação semelhante para o alumínio. Assim, a opção ③ é correta apenas para o zinco.

RELAÇÕES NUMÉRICAS

CAPÍTULO **06**

01. ③
MA = (63,5 + 32 + 4 × 16 + 5 × 18) u = 249,5 u

02. ②
Não importa que as substâncias sejam gases. O número de moléculas é dado por:

$$N = \frac{m}{MM} \times N_{Av}$$

Como m e N_{Av} são constantes, o menor N ocorrerá com o maior valor de MM.

substância	Ar	$C\ell_2$	CO	O_3	SO_2
MM (g/mol)	40	71	28	48	64

	CAPÍTULO 07
ESTUDO DOS GASES	

01. ⑤

Usamos a densidade para escrever:

1,63 g	–	1 L
m	–	22,4 L

A massa m corresponde à massa de 1 mol. Como m = 1,63 × 22,4 g = 36,512 g, o gás que corresponde a 36,512 g/mol é o HCℓ.

02. 4

Podemos usar que

$$n = \frac{p \times V}{R \times T}$$

e que o volume se torna 5 L após a válvula ser aberta. Assim:

$$n_{primeiro\ frasco} + n_{segundo\ frasco} = n_{frascos\ juntos}$$

$$\frac{5 \times 2}{R \times 298} + \frac{10 \times 3}{R \times 298} = \frac{p \times 5}{R \times 298} \Rightarrow p = 8\ atm$$

03.

(A) ②

A densidade permite escrever:

0,90 g	–	1 L
m	–	22,4 L

A massa m corresponde à massa de 1 mol. Como m = 0,90 × 22,4 g = 20,16 g, a massa molar do gás é 20,16 g/mol. Este gás formado por um único elemento é o neônio.

(B) ④

$$p \times V = n \times R \times T \Rightarrow p \times V = \frac{m}{MM} \times R \times T$$

$$m = \frac{p \times V \times MM}{R \times T} = \frac{8,2 \times 6.0 \times 28}{0,082 \times 300}\ g = 56,0\ g$$

Eu tenho a certeza que você lembrou que gás nitrogênio é $N_2(g)$... massa molar 28,0 g/mol, e não 14,0 g/mol.

04. 1

Vamos chamar de **a** a massa de He, e de **3 – a** a massa de neônio. Assim:

n(He)	n(Ne)	n(total)	relação molar
$\dfrac{a}{4}$	$\dfrac{3-a}{20}$	$\dfrac{4a+3}{20}$	$\dfrac{5a}{3-a}$

Após isto, basta-nos calcular **a**:

$$
\begin{array}{ccc}
1\ \text{mol} & - & 22,4\ \text{L} \\
\dfrac{4a+3}{20} & - & 4\ \text{L}
\end{array}
$$

$$a = \frac{1}{7}\,\text{mol}$$

Assim, a relação molar é:

$$\frac{5a}{3-a} = \frac{\dfrac{5}{7}}{3 - \dfrac{1}{7}} = \frac{1}{4}$$

05. ②

A massa molar do O_2 é 32 g/mol, e a do N_2 é 28 g/mol. Podemos então calcular a massa molar *aparente* do ar, válida para finalidades físicas (não-reacionais). Observe que, para gases, a razão volumétrica é também razão molar.

$$MM_{ap} = \frac{1 \times 32 + 4 \times 28}{5}\,\text{g/mol} = 28,80\,\text{g/mol}$$

Trabalhamos a equação de Clapeyron para obter uma expressão para densidade:

$$p \times V = n \times R \times T \Rightarrow p \times V = \frac{m}{MM} \times R \times T \Rightarrow d = \frac{m}{V} = \frac{p \times MM}{R \times T}$$

Vemos então claramente que, sob mesmas condições de temperatura e pressão, terá maior densidade o gás que tiver a maior massa molar.

substância	CH_4	C_3H_8	HF	N_2	NH_3
massa molar (g/mol)	16	44	20	28	17

O gás que tem a maior massa molar (e o único que suplanta 28,8 g/mol) é o propano, C_3H_8.

BENOIT PAUL ÉMILE CLAPEYRON (Paris, 1799 – Paris, 1864) foi um engenheiro, físico e químico francês. Foi um dos fundadores da Termodinâmica.
Desenvolveu os estudos de Nicolas Léonard Sadi CARNOT.

CAPÍTULO 08

ESTEQUIOMETRIA

Por ser o método que preferimos para tratar os problemas de Estequiometria relativamente pouco conhecido, aproveitamos a oportunidade para apresentá-lo, de maneira bem resumida.

Partimos do pressuposto que temos uma equação balanceada representativa do processo químico que ocorre:

$$a\,A + b\,B \rightarrow c\,C + d$$

A, **B**, **C** e **D** são as substâncias participantes do processo, e **a**, **b**, **c** e **d** os coeficientes estequiométricos. Em reação, temos que ter:

$$\frac{n(A)}{a} = \frac{n(B)}{b} = \frac{n(C)}{c} = \frac{n(D)}{d}$$

Naturalmente, **n(A)**, **n(B)**, **n(C)** e **n(D)** representam os números de mols de **A**, **B**, **C** e **D**. Para determinação do número de mols, as maneiras mais comuns são:

$$n(X) = \frac{m(X)}{MM(X)}$$

$$n(X) = \frac{v(X)}{\text{volume molar}}$$

01. 1

Podemos fazer uma reação $4\,Rb + O_2 \rightarrow 2\,Rb_2O$ e escrever:

$$\frac{n(Rb)}{4} = n(O_2) \Rightarrow \frac{m(Rb)}{4 \times MM(Rb)} = \frac{m(O_2)}{MM(O_2)}$$

$m(O_2) = m(Rb_2O) - m(Rb) = (3{,}280 - 3{,}000)\,g = 0{,}280\,g$

$$\frac{m(Rb)}{4 \times MM(Rb)} = \frac{m(O_2)}{MM(O_2)} \Rightarrow \frac{3{,}000}{4 \times MM(Rb)} = \frac{0{,}280}{32} \Rightarrow MM(Rb) = 85{,}71\,g/mol$$

02. ④

Podemos escrever a seguinte equação:

$$Na_2SO_4 \cdot 10\,H_2O \rightarrow Na_2SO_4 + n\,H_2O$$

Se 0,322 g do sulfato de sódio hidratado geram 0,142 g de sulfato de sódio anidro, houve uma *perda* de $(0{,}322 - 0{,}142)\,g = 0{,}180\,g$ de água. Podemos escrever:

$$n(Na_2SO_4) = \frac{n(H_2O)}{n} \Rightarrow \frac{m(Na_2SO_4)}{MM(Na_2SO_4)} = \frac{m(H_2O)}{n \times MM(H_2O)}$$

$$\frac{0,142}{142} = \frac{0,180}{n \times 18} \Rightarrow n = 10$$

SOLUÇÕES

CAPÍTULO 09

01. 6

Primeiramente separamos a massa molar do carbonato de sódio deca-hidratado em carbonato de sódio e água:

$$\underbrace{Na_2CO_3}_{106} \cdot \underbrace{10\,H_2O}_{180} = 286\ g/mol$$

Assim, podemos considerar que 1 mol de carbonato de sódio deca-hidratado corresponde a 106 g de carbonato de sódio e 180 g de água de cristalização. Como a solubilidade do carbonato de sódio é 25 g sal / 100 g de água (proporção 1 : 4), a quantidade de água necessária é (4 × 106) g = 424 g. A chave da solução é que 1 mol de carbonato de sódio deca-hidratado carrega, no retículo cristalino, 180 g de água, que serão liberadas com a dissolução. Assim, para dissolver 286 g de sal hidratado, basta acrescentar (424 − 180) g = 244 g de água. Podemos então escrever:

$$286\ g\ Na_2CO_3{\cdot}10\,H_2O \quad - \quad 244\ g\ H_2O$$
$$m \quad - \quad 100\ g\ H_2O$$

solubilidade = 117,21 g $Na_2CO_3{\cdot}10\,H_2O$ / 100 g H_2O

02.

(A) ②

$$X(H_2O) = \frac{n(H_2O)}{n(H_2O)+n(NaOH)} = \frac{\dfrac{87}{18}}{\dfrac{87}{18}+\dfrac{13}{40}} = \frac{1740}{1857} = 0,937$$

(B) ③

A % m/m da solução é 13,0 g de NaOH em (13,0 + 87,0) g de solução, ou seja, 13% m/m.

A densidade da solução é de $1,142 \times 10^6$ g/10^6 mL = 1,142 g/mL.

Podemos aplicar então:

$$M = \frac{\%m \times d \times 10}{MM} = \frac{13 \times 1,142 \times 10}{40}\ mol/L = 3,71\ mol/L$$

03. 5

A solubilidade de um gás dissolvido em um líquido é proporcional à pressão parcial do gás acima do líquido. Este é o enunciado da lei de Henry, que pode ser escrita:

P = *pressão parcial na fase gasosa*
P = K · X   **K** = *constante de proporcionalidade, ou constante da lei de Henry*
   X = *fração molar de equilíbrio do gás em solução (sua solubilidade)*
A lei de Henry aplica-se somente quando a concentração do soluto e a sua pressão parcial são baixas, isto é, quando o gás e sua solução são essencialmente ideais, e quando o soluto não interage fortemente de nenhuma maneira com o solvente.
Como vimos, a Lei de Henry garante que a solubilidade de um gás em um líquido é diretamente proporcional à pressão parcial deste gás sobre o líquido.

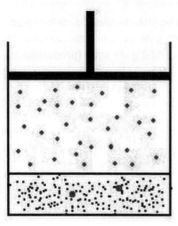
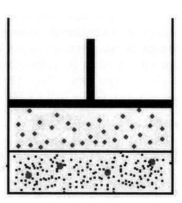

baixa pressão de equilíbrio   pressão de quilíbrio dobrada
baixa concentração   concentração dobrada

Assim, se a pressão passa de 1 atm para 4 atm, a solubilidade também é multiplicada por 4: 4 × 28 mL = 112 mL

WILLIAM HENRY, químico inglês, 1775-1836
Dedicou seu tempo principalmente a pesquisas químicas, especialmente em relação a gases. Um de seus artigos mais famosos (1803) descreve experimentos sobre a quantidades de gases absorvida pela água a diferentes temperaturas e pressões. O resultado destas suas investigações é conhecido como lei de Henry.

04.   Compare esta questão com a questão **01** deste mesmo capítulo.
(1)   Uma solução saturada de Na_2SO_3 a 20 °C tem 27 g do sal em 100 g de água, totalizando 127 g de solução. Assim, a percentagem em massa desta solução é:

$$\frac{27}{127} \times 100\% = 21{,}26\%$$

09 • SOLUÇÕES

(2)   A massa molar do Na_2SO_3 é 126 g/mol. A massa de água necessária para dissolver um mol do sal é então:

$$27 \text{ g sal} \quad - \quad 100 \text{ g água}$$
$$126 \text{ g sal} \quad - \quad m$$

$$m = \frac{1400}{3} \text{ g de água}$$

A massa molar do $Na_2SO_3 \cdot 7 H_2O$ é (126 + 126) g/mol = 252 g/mol. Assim, 252 g do sal hidratado necessitam, para se dissolver:

$$\left(\frac{1400}{3} - 126 \right) g = \frac{1022}{3} \text{ g de água}$$

Assim, em 50 g de água se dissolvem do sal hidratado:

$$252 \text{ g sal hidratado} \quad - \quad \frac{1022}{3} \text{ g de água}$$
$$m \quad - \quad 50 \text{ g de água}$$

m = 36,99 g $\approx$ 37 g de $Na_2SO_3 \cdot 7 H_2O$.

CAPÍTULO 10
ESTEQUIOMETRIA DE SOLUÇÕES

Por ser o método que preferimos para tratar os problemas de Estequiometria relativamente pouco conhecido, aproveitamos a oportunidade para apresentá-lo, de maneira bem resumida.

Partimos do pressuposto que temos uma equação balanceada representativa do processo químico que ocorre:

$$a\,A + b\,B \rightarrow c\,C + d$$

A, **B**, **C** e **D** são as substâncias participantes do processo, e **a**, **b**, **c** e **d** os coeficientes estequiométricos. Em reação, temos que ter:

$$\frac{n(A)}{a} = \frac{n(B)}{b} = \frac{n(C)}{c} = \frac{n(D)}{d}$$

Naturalmente, **n(A)**, **n(B)**, **n(C)** e **n(D)** representam os números de mols de **A**, **B**, **C** e **D**. Para determinação do número de mols, as maneiras mais comuns são:

$$n(X) = \frac{m(X)}{MM(X)}$$

$$n(X) = \frac{V(X)}{\text{volume molar}}$$

$$n(X) = V(X) \times M(X)$$

Esta última será usada em soluções. Atenção às unidades: V(x) em L, n(X) em mol; V(x) em mL, n(X) em mmol.

01.

(1) $MnO_4^- + (a)\,H^+ + (b)\,e^- \rightarrow Mn^{2+} + (c)\,H_2O$

Nesta semi-equação, o manganês se reduz de +7 para +2, o que indica a participação de 5 elétrons. Assim, o balanceamento é $MnO_4^- + 8\,H^+ + 5\,e^- \rightarrow Mn^{2+} + 4\,H_2O$.

$$H_2C_2O_4 \rightarrow 2\,CO_2 + (d)\,H^+ + (d)\,e^-$$

Nesta semi-equação, cada átomo de carbono se oxida de +3 para +4, o que indica a participação de 2 elétrons. Assim, o balanceamento é $H_2C_2O_4 \rightarrow 2\,CO_2 + 2\,H^+ + 2\,e^-$.

(2)   Combinando as duas semi-equações, obtemos:

$$2\,MnO_4^- + 6\,H^+ + 5\,H_2C_2O_4 \rightarrow 2\,Mn^{2+} + 10\,CO_2 + 8\,H_2O$$

Se oxalato de cálcio é dissolvido em H_2SO_4 diluído (que não é oxidante), produz-se ácido oxálico:

$$CaC_2O_4 + H_2SO_4 \rightarrow CaSO_4 + H_2C_2O_4$$

A proporção estequiométrica é $n(CaC_2O_4) = n(H_2C_2O_4)$. Assim:

$$\frac{m(CaC_2O_4)}{MM(CaC_2O_4)} = n(H_2C_2O_4) \Rightarrow n(H_2C_2O_4) = \frac{0,320}{128} \, mol = 2,50 \times 10^{-3} \, mol = 2,50 \, mmol$$

Da reação de oxi-redução que balanceamos, obtemos a seguinte relação estequiométrica:

$$\frac{n(KMnO_4)}{2} = \frac{n(H_2C_2O_4)}{5} \Rightarrow \frac{V \times M}{2} = \frac{n(H_2C_2O_4)}{5} \Rightarrow \frac{20 \times M}{2} = \frac{2,50}{5} \Rightarrow M = 0,05 \, mol/L$$

02. Vamos chamar de $n(SO_2)$ ao número de mols de SO_2 presente na amostra de N_2, e calculá-lo. Houve 3 reações no procedimento, com as seguintes relações estequiométricas:

1     $SO_2 + H_2O_2 \rightarrow H_2SO_4$ $n(SO_2) = n(H_2SO_4)$

2     $H_2SO_4 + 2\, NaOH \rightarrow Na_2SO_4 + 2\, H_2O$ $n(H_2SO_4) = \dfrac{n(NaOH)}{2}$

3     $NaOH + HC\ell \rightarrow NaC\ell + H_2O$ $n(NaOH) = n(HC\ell)$

Assim, podemos ver que o NaOH neutralizou 2 ácidos: H_2SO_4 e $HC\ell$. Logo:

De $HC\ell$ foram utilizados 13,6 mL × 0,01 mol/L = 0,136 mmol = 136 µmol para neutralizar o NaOH que não participou da reação 2.

De NaOH havia 25,0 mL × 0,01 mol/L = 0,25 mmol = 250 µmol. Como 136 mmol de NaOH foram consumidos na reação 3, (250 − 136) µmol = 114 µmol de NaOH participaram da reação 2.

Assim, o número de mols de H_2SO_4 da reação 1 é a metade disto, ou seja, 57 µmols. Concluímos finalmente: $n(SO_2)$ = 57 µmols. Calculamos então a massa de SO_2, e em seguida o volume, através da densidade:

$m(SO_2)$ = 57 µmol × 64 g/mol = 3648 µg

$$V(SO_2) = \frac{m(SO_2)}{d(SO_2)} = \frac{3648}{2,85} \, \mu L = 1280 \, \mu L$$

Logo, havia 1280 µL de SO_2 em 40 L de N_2, ou seja 40 × 10⁶ µL de N_2:

1280 µL	−	40 × 10⁶ µL
x	−	10⁶ µL

Resolvendo, temos 32 ppm de SO_2.

CAPÍTULO 11
PROPRIEDADES COLIGATIVAS DAS SOLUÇÕES

01. ②
A membrana celular do eritrócito (glóbulo vermelho ou hemácia) é uma membrana semi-permeável. Logo, a célula está exposta a entrada de água, e pode explodir (o meio intracelular é hipertônico em relação ao meio extracelular).

02. ④
Se temos uma membrana semi-permeável, analisamos o fenômeno osmótico. A membrana permite a passagem de solvente (água), mas impede a passagem de soluto (proteína). Passará água da parte A do tubo (água pura) para a parte B (água com proteína), para diluir a solução aquosa de proteína. Isto fará o nível da parte A baixar e o nível da parte B subir.

CAPÍTULO 12

TERMOQUÍMICA • TERMODINÂMICA QUÍMICA

01.
(A) 3

$$C_3H_8 + 5 O_2 \rightarrow 3 CO_2 + 4 H_2O \quad \Delta H = -2220 \text{ kJ}$$

$\Delta H = 3 H(CO_2) + 4 H(H_2O) - H(C_3H_8)$
$-2220 = 3 \times (-394) + 2 \times (-572) - x$
$x = -1182 - 1144 + 2220 = -106 \text{ kJ}$

(B) 2
$Q = m \times c \times \Delta\theta = 2 \times 10^3 \times 4,18 \times 80 \text{ J} = 668,80 \text{ kJ}$

22,4 L	–	2220 kJ
V	–	668,80 kJ

$$V = \frac{22,4 \times 668,80}{2220} L = 6,75 L$$

02. ④
Podemos escrever, usando ΔH:
$\Delta H = H(CH_4) + H(CO) - H(CH_3CHO) = (-74,9 + (-110,5) - (-192,0)) \text{ kJ/mol}$
$\Delta H = 6,6 \text{ kJ/mol}$
Ou seja, a reação é endotérmica. Como a questão solicita *calor de reação*, a resposta é $-6,6$ kJ/mol.

03.
(A) ②
Vamos compor a equação desejada:

$C(graf) + O_2 \rightarrow CO_2$	$\Delta H = -394$ kJ/mol
$CO_2 \rightarrow CO + \frac{1}{2} O_2$	$\Delta H = +283$ kJ/mol
$C(graf) + \frac{1}{2} O_2 \rightarrow CO$	$\Delta H = -111$ kJ/mol

Assim sendo, o calor de formação é de 111 kJ.
(B) ②
Houve a formação de 14 g de CO, ou seja:

$$\frac{14 \text{ g}}{28 \text{ g/mol}} = 0,5 \text{ mol}$$

Isto implica na liberação de $(0,5 \times 111)$ kJ = 55,5 kJ.
Houve a formação de 66 g de CO_2, ou seja:

$$\frac{66 \text{ g}}{44 \text{ g/mol}} = 1,5 \text{ mol}$$

100 TREINAMENTO EM QUÍMICA – **MONBUKAGAKUSHO**

Isto implica na liberação de $(1,5 \times 394)$ kJ = 591 kJ.
Totalizando: $(55,5 + 591)$ kJ = 646,5 kJ

04.

(A) ③ (?!)
A solicitação da questão, tal como está redigida, não faz sentido. Quando o etanol é queimado, *calor é liberado*. Resolveremos a esta questão: que quantidade de calor é liberada quando 23,0 g de etanol são completamente queimados?
O calor de combustão do etanol é de 1369 kJ/mol. Como a massa molar do etanol é 46 g/mol, podemos escrever:

46 g	–	1369 kJ
23,0 g	–	Q

Q = 684,50 kJ

(B) ②

$$C_2H_5OH + 3\ O_2 \rightarrow 2\ CO_2 + 3\ H_2O \quad \Delta H = -1369 \text{ kJ/mol}$$

$\Delta H = 2\ H(CO_2) + 3\ H(H_2O) - H(C_2H_5OH)$
$-1369 = 2 \times (-394) + 3 \times (-286) - H(C_2H_5OH)$
$H(C_2H_5OH) = (-788 + (-858) + 1369)$ kcal/mol = -277 kJ/mol
Calor de formação do etanol líquido = 277 kJ/mol.

	CAPÍTULO 13

CINÉTICA QUÍMICA • EQUILÍBRIO QUÍMICO

01.

(A)   1

As frações molares iniciais são:

$$XN_2 = \frac{1}{1+3} = \frac{1}{4} \qquad\qquad e \qquad\qquad XH_2 = \frac{3}{4}$$

Logo, as pressões parciais iniciais são:

$$pN_2 = \frac{1}{4} \times 30\,atm = 7,5\,atm \qquad e \qquad pH_2 = 3 \times 7,5\,atm = 22,5\,atm$$

Quadro de equilíbrio:

		$N_2(g)$	+	$3\,H_2(g)$	$\rightleftarrows$	$2\,NH_3(g)$
início		7,5 atm		22,5 atm		0
estequiometria		x		3 x		2 x
equilíbrio		7,5 − x		22,5 − 3 x		2 x

Como a pressão no equilíbrio foi de 25 atm, temos:

$$7,5 - x + 22,5 - 3x + 2x = 25, \text{ ou seja, } x = 2,5\,atm$$

Assim, no equilíbrio, $pN_2 = 5,0\,atm$, $pH_2 = 15,0\,atm$ e $pNH_3 = 5,0\,atm$.

Calculamos então:

$$pN_2 = XN_2 \times p_{total} \Rightarrow XN_2 = \frac{pN_2}{p_{total}} = \frac{5,0}{25,0} = 0,2$$

(B)   5

Sejam **a** e **b** as massas atômicas dos dois isótopos de N, e **c** e **d** as massas atômicas dos dois isótopos de H. Como só há 1 átomo de N na molécula, temos duas hipóteses: **a** e **b**. Como há 3 átomos de H, temos 4 hipóteses: **3 c**, **3 d**, **2 c + d** e **c + 2 d**. Logo, 2 × 4 = 8 massas são possíveis.

02.

(1)   Para montar a reação (A), fazemos:

①	× 3/2	$3\,H_2(g) + 3/2\,O_2(g) \rightarrow 3\,H_2O(\ell)$	ΔH = −858 KJ
②	÷ 2 invertida	$N_2(g) + 3\,H_2O(g) \rightarrow 2\,NH_3(g) + 3/2\,O_2(g)$	ΔH = +634 KJ
③	× 3	$3\,H_2O(\ell) \rightarrow 3\,H_2O(g)$	ΔH = +132 KJ
reação (A)		$N_2(g) + 3\,H_2(g) \rightarrow 2\,NH_3(g)$	ΔH = −92 KJ

Assim, Q = +92 kJ.

(2)(a) 2
Se a temperatura é aumentada, é favorecida a reação endotérmica, ou seja, a decomposição da amônia. A quantidade de amônia irá diminuir.
(2)(b) 1
Se a mistura é comprimida, é favorecida a reação que faça a pressão baixar, diminuindo o número de mols de gás. Como a formação de amônia tem Δn = −1, esta será a reação favorecida. A quantidade de amônia irá aumentar.
As explicações dadas são baseadas no Princípio de **Le Chatelier**. Saiba mais:

HENRI LOUIS LE CHÂTELIER (Paris, 8 de outubro de 1850 − Miribel-les-Èchelles, 17 de junho de 1936) foi um químico e metalurgista francês. Contribuiu significativamente para o desenvolvimento da Termodinâmica. É conhecido por ter formulado o **Princípio de Le Châtelier** (1888), sobre relações entre equilíbrio químico e variações de temperatura e pressão. Também trabalhou com calor específico em gases a altas temperaturas e métodos de medição de temperatura.

03.
(A) ⑤
Montamos o quadro de equilíbrio:

	$N_2(g)$ +	$3H_2(g)$	⇌	$2NH_3(g)$
início	2 mol	5 mol		0
estequiometria	x	3x		2x
equilíbrio	2 − x	5 − 3x		2x

O número total de mols é 7 − 2x. Isto nos permite calcular a fração molar de NH_3:

$$X(NH_3) = \frac{n(NH_3)}{n(total)} = \frac{2x}{7-2x} = \frac{1}{4} \Rightarrow x = 0,7 \text{ mol}$$

x é o número de mols de N_2 que reagiu.
Assim, a liberação de calor é de 0,7 mol N_2 × 92 kJ/mol N_2 = 64,4 kJ.
(B) ④
A fração molar do N_2 é:

$$X(N_2) = \frac{2-0,7}{7-1,4} = \frac{13}{56}$$

A pressão parcial do N_2 é:

$$p(N_2) = X(N_2) \times P(total) = \frac{13}{56} \times 1,01 \times 10^6 \text{ Pa} = 2,34 \times 10^5 \text{ Pa}$$

13 • CINÉTICA QUÍMICA • EQUILÍBRIO QUÍMICO 103

04.
(A) ③
Montamos o quadro de equilíbrio a seguir:

	$CO_2(g)$ +	$H_2(g)$ ⇌	$CO(g)$ +	$H_2O(g)$
início	1 mol	1 mol	0	0
estequiometria	x	x	x	x
equilíbrio	1 − x	1 − x	x	x
equilíbrio			0,5 mol	0,5 mol

Assim, o número de mols de cada espécie no equilíbrio é 0,5. Como $\Delta n = 0$, podemos trabalhar a constante de equilíbrio diretamente com o número de mols.

$$Kc = \frac{[CO] \times [H_2O]}{[CO_2] \times [H_2]} = \frac{0,5 \times 0,5}{0,5 \times 0,5} = 1$$

(B) ②
Montamos o novo quadro de equilíbrio abaixo:

	$CO_2(g)$ +	$H_2(g)$ ⇌	$CO(g)$ +	$H_2O(g)$
início	1 mol	0,5 mol	0,5 mol	0,5 mol
estequiometria	x	x	x	x
equilíbrio	1 − x	0,5 − x	0,5 + x	0,5 + x

$$Kc = \frac{[CO] \times [H_2O]}{[CO_2] \times [H_2]} = \frac{(0,5 + x) \times (0,5 + x)}{(1 - x) \times (0,5 - x)} = 1$$

Resolvendo, obtemos x = 0,1 mol. Logo, teremos a formação total de 0,60 mol de CO.

05.
(A) ④
Montamos o quadro de equilíbrio a seguir:

	CH_3COOH +	C_2H_5OH ⇌	$CH_3COOC_2H_5$ +	H_2O
início	1,2 mol	1,2 mol	0	0
estequiometria	x	x	x	x
equilíbrio	1,2 − x	1,2 − x	x	x
			0,8	

Assim, x = 0,8 mol, e 1,2 − x = 0,4 mol.

$$Kc = \frac{[CH_3COOC_2H_5] \times [H_2O]}{[CH_3COOH] \times [C_2H_5OH]} = \frac{0,8 \times 0,8}{0,4 \times 0,4} = 4,00$$

(B) ③

Para a composição do novo equilíbrio, vamos chamar de **y** a quantidade de etanol adicionada ao equilíbrio inicial obtido.

	CH_3COOH +	C_2H_5OH ⇌	$CH_3COOC_2H_5$ +	H_2O
início	0,4	0,4 + y	0,8	0,8
estequiometria	x	x	x	x
equilíbrio	0,4 − x	0,4 − x + y	0,8 + x 1,0	0,8 + x

Assim, 0,8 + x = 1,0 ⇒ x = 0,2. O novo equilíbrio fica assim:

	CH_3COOH +	C_2H_5OH ⇌	$CH_3COOC_2H_5$ +	H_2O
	0,2	0,2 + y	1,0	1,0

Como este é um equilíbrio, podemos escrever:

$$Kc = \frac{[CH_3COOC_2H_5] \times [H_2O]}{[CH_3COOH] \times [C_2H_5OH]} = \frac{1,0 \times 1,0}{0,2 \times (0,2 + y)} = 4,00 \Rightarrow 0,2 + y = \frac{5}{4} = 1,25$$

y = 1,05 mol.

06. ①

O aumento da temperatura sempre favorece a reação endotérmica. Como a reação é exotérmica à direita, o equilíbrio será deslocado à esquerda: formação de $NO_2(g)$, que é marrom. A coloração da mistura irá escurecer. **(a)**

Como o aumento de pressão é feito através de uma diminuição de volume, no instante inicial ambas as concentrações irão aumentar, o que leva a um escurecimento da mistura gasosa, devido ao aumento "instantâneo" da concentração de $NO_2(g)$. Mas, o aumento da pressão leva a um deslocamento de equilíbrio no sentido da diminuição da pressão através da reação que diminua o número de mols, ou seja, a formação de $N_2O_4(g)$. Assim, após o escurecimento inicial, a mistura gasosa vai clarear. **(c)**

CAPÍTULO 14

EQUILÍBRIO IÔNICO

01. 2
50 mL de HCℓ 0,14 mol/L correspondem a 7 mmols de H^+. 50 mL de NaOH 0,10 mol/L correspondem a 5 mmols de OH^-. Restarão 2 mmols de H^+ em 100 mL de solução.

$$\left[H^+\right] = \frac{2}{100}\,\text{mol/L} = 2\times10^{-2}\,\text{mol/L} \Rightarrow pH = 2 - \log 2 = 1,70$$

02. 3

1) $NaHSO_4$ é um sal ácido (sulfato ácido de sódio), e apresenta reação ácida em solução aquosa, devido à ionização do ânion HSO_4^- ($HSO_4^- \rightleftarrows H^+ + SO_4^{2-}$). Comentários detalhados são feitos na questão **05**.

2) Na_2SO_4 é um sal neutro.

3) $NaHCO_3$ é um sal ácido (carbonato ácido de sódio), e apresenta reação básica em solução aquosa, devido à reação de hidrólise do ânion HCO_3^- ($HCO_3^- + H_2O \rightleftarrows H_2CO_3 + OH^-$). Comentários detalhados também são feitos na questão **05**.

4) Na_2CO_3 é um sal neutro.

5) $Mg(OH)_2$ é um hidróxido.

6) $MgCℓ(OH)$ é um sal básico, que pode ser interpretado como uma mistura equimolar de $Mg(OH)_2$ e $MgCℓ_2$.

03. 6
200 mL de NaOH 0,1 mol/L correspondem a 20 mmols de Na^+ e 20 mmols de OH^-.
100 mL de HCℓ 0,1 mol/L correspondem a 10 mmols de H^+ e 10 mmols de $Cℓ^-$.
O volume da solução resultante é de 300 mL.
Como Na^+ e $Cℓ^-$ são íons espectadores na reação de neutralização que se seguirá, suas concentrações serão:

$$\left[Na^+\right] = \frac{20}{300}\,\text{mol/L} = 6,67\times10^{-2}\,\text{mol/L} \qquad \left[Cℓ^-\right] = \frac{10}{300}\,\text{mol/L} = 3,33\times10^{-2}\,\text{mol/L}$$

Após a neutralização $H^+(aq) + OH^-(aq) \rightarrow H_2O(\ell)$, restarão 10 mmols de OH^-. Logo:

$$\left[OH^-\right] = \frac{10}{300}\,\text{mol/L} = 3,33\times10^{-2}\,\text{mol/L}$$

Isto conduz a pOH = 1,48, ou seja, pH = 12,52.
Como $Kw = [H^+] \times [OH^-] = 1,0 \times 10^{-14}$, $[H^+] = 3,0 \times 10^{-13}$. Concluindo:

espécie	Na^+		OH^-		H^+
[ ]	$6,67 \times 10^{-2}$	>	$3,33 \times 10^{-2}$	>	$3,0 \times 10^{-13}$

04.   2

Vamos analisar opção por opção, resolvendo a diluição através de
$$V1 \times M1 = V2 \times M2.$$

1)

$10 \times 1,0 \times 10^{-5} = 10 \times 10^3 \times M2 \Rightarrow M2 = 1,0 \times 10^{-8}$

Uma solução $1,0 \times 10^{-8}$ mol/L de HCℓ NÃO tem pH = 8, o que seria um pH básico... Seu pH é levemente inferior a 7. Para resolver a questão não há necessidade deste cálculo exato, que faremos por razões didáticas. Nesta concentração tão baixa, a $H_2O(\ell)$ não pode ser desprezada como fonte de H^+(aq), como é usual fazer em concentrações mais elevadas.

$$\begin{cases} HC\ell\,(aq) \rightarrow \underbrace{H^+(aq)}_{10^{-8}} + \underbrace{C\ell^-(aq)}_{10^{-8}} \\ H_2O\,(\ell) \rightarrow \underbrace{H^+(aq)}_{x} + \underbrace{OH^-(aq)}_{x} \end{cases}$$

Logo, $[H^+] = (x + 10^{-8})$ mol/L e $[OH^-] = x$ mol/L. Usando o produto iônico da água:

$(x + 10^{-8}) \times x = 10^{-14} \Rightarrow x^2 + 10^{-8}\,x - 10^{-14} = 0 \Rightarrow 10^{14}\,x^2 + 10^6\,x - 1 = 0$

A raiz de interesse é $9,51 \times 10^{-8}$. Ou seja, pOH = 7,02 e pH = 6,98.

1 é falsa.

2)

$10 \times 1,0 \times 10^{-3} = 1 \times 10^3 \times M2 \Rightarrow M2 = 1,0 \times 10^{-5}$

Uma solução de NaOH (monobase forte) $1,0 \times 10^{-5}$ tem pOH = 5, logo pH = 9.

2 é correta.

3)

$10 \times 1,0 \times 10^{-2} = 1 \times 10^3 \times M2 \Rightarrow M2 = 1,0 \times 10^{-4}$

Se fosse um ácido forte (ionização praticamente completa), esta solução teria pH = 4. Mas o ácido acético é fraco, e o pH será maior que 4. Assim, desde já...

3 é falsa.

Para calcular o pH correto, é necessário o valor de Ka, que não foi fornecido. Para o ácido acético a 25 °C, pKa = 4,76, o que conduz a Ka = $1,74 \times 10^{-5}$, e vamos calcular o pH por finalidades didáticas. Montaremos, como sempre, o quadro de equilíbrio:

	HAc	$\rightleftarrows$	H⁺	+	Ac⁻
início	M		0		0
estequiometria	Mα		Mα		Mα
equilíbrio	M$(1-\alpha)$		Mα		Mα

Daí a tradicional fórmula:

$$Ka = \frac{M\,\alpha^2}{1-\alpha}$$

O grau de ionização α não deve ser pequeno (solução bastante diluída). Estimamos α como se fosse pequeno, e obtemos:

14 • Equilíbrio Iônico

$$\alpha = \sqrt{\frac{Ka}{M}} = \sqrt{\frac{1,74 \times 10^{-5}}{10^{-4}}} = \sqrt{0,174} = 0,417$$

Ou seja, haveria uma ionização de 41,71%(!). Precisamos então calcular α.

$$1,74 \times 10^{-5} = \frac{10^{-4}\,\alpha^2}{1-\alpha} \Rightarrow 10^3\,\alpha^2 + 174\,\alpha - 174 = 0$$

A raiz de interesse é 0,339 (ou seja, uma ionização de 33,91%.
Assim, $[H^+] = M\alpha = 3,39 \times 10^{-5} \Rightarrow pH = 4,47$.

4)
$10 \times 1,0 \times 10^{-3} = 1 \times 10^3 \times M2 \Rightarrow M2 = 1,0 \times 10^{-5}$
Se o H_2SO_4 fosse um ácido forte monoprótico, esta solução teria pH = 5. Mas, nesta concentração, o íon HSO_4^-, gerado na primeira ionização, se ioniza de maneira praticamente total. A $[H^+]$ fica então entre 1×10^{-5} e 2×10^{-5}, muito próxima a 2×10^{-5}, e o pH fica entre 4,699 e 5,00, muito próximo de 4,699. Assim, desde já...
4 é falsa.
O cálculo exato necessita do valor de Ka2, a segunda constante de ionização. Usaremos Ka2 = $1,0 \times 10^{-2}$ (http://en.wikipedia.org/wiki/Sulfuric_acid).
1ª ionização:

	H_2SO_4	$\rightleftarrows$	H^+	+	HSO_4^-
início	M		0		0
final	0		M		M

2ª ionização:

	HSO_4^-	$\rightleftarrows$	H^+	+	SO_4^{2-}
início	M		0		0
estequiometria	Mα		Mα		Mα
equilíbrio	M$(1-\alpha)$		M$(1+\alpha)$		Mα

$$Ka2 = \frac{M(1+\alpha)M\alpha}{M(1-\alpha)} = \frac{M(1+\alpha)\alpha}{1-\alpha}$$

$$10^{-2} = \frac{10^{-5}(1+\alpha)\alpha}{1-\alpha} \Rightarrow \alpha^2 + 1001\,\alpha - 1000 = 0$$

A raiz de interesse desta equação é 0,998 (o grau de ionização da segunda ionização é 99,80%!). Assim, $[H^+] = M(1+\alpha) = 1,998 \times 10^{-5}$.
Para percebermos o quando este valor é próximo de 2,000, lançamos mão dos logaritmos decimais, usando cinco decimais como na tábua de logaritmos em que os aprendi, no CMRJ, lá se vão muitos anos...

log 2 = 0,30103   log 1,998 = 0,30060

Assim, se a ionização fosse total, teríamos pH = 4,69897. Com esta ionização de 99,80%, teremos pH = 4,69940.

108 TREINAMENTO EM QUÍMICA – **MONBUKAGAKUSHO**

05. ⑥

Iniciamos a análise pela solução C, mais simples.

Temos 1,5 mmol de HCℓ(aq) e 1 mmol de NaOH(aq) em 25 mL de solução. Em termos iônicos, 1,5 mmol de H^+, 1,5 mmol de $Cℓ^-$, 1 mmol de Na^+ e 1 mmol de OH^-. Após a neutralização, 0,5 mmol de H^+ em 25 mL de solução, e os íons Na^+ e $Cℓ^-$ são espectadores.

$$\left[H^+ \right] = \frac{0,5}{25} = 2 \times 10^{-2} \Rightarrow pH = 1,70$$

Agora analisamos a solução A.

Temos 1,5 mmol de H_2SO_4(aq) e 1 mmol de NaOH(aq) em 25 mL de solução. Em termos iônicos, considerando apenas a primeira ionização do H_2SO_4, 1,5 mmol de H^+, 1,5 mmol de HSO_4^-, 1 mmol de Na^+ e 1 mmol de OH^-. Após a neutralização, 0,5 mmol de H^+ e 1,5 mmol de HSO_4^- em 25 mL de solução, e o íon Na^+ é espectador.

Uma análise apressada levaria à suposição que é caso idêntico ao da solução C, mas não é. A segunda ionização do ácido sulfúrico vai ocorrer

$$HSO_4^-(aq) \rightleftarrows H^+(aq) + SO_4^{2-}(aq)$$

gerando mais íons H^+(aq) para a solução e baixando o pH. Podemos afirmar pH < 1,7.

Para o cálculo deste pH é necessário o valor de Ka2 do H_2SO_4 (não fornecido). Vamos calculá-lo por questões didáticas, fornecendo este valor. A segunda constante de ionização do H_2SO_4 será considerada, como na questão anterior, $1,0 \times 10^{-2}$.

Vamos partir de 0,5 mmol de H^+ e 1,5 mmol de HSO_4^- em 25 mL de solução, o que leva a 2×10^{-2} mol/L de H^+(aq) e 6×10^{-2} mol/L de HSO_4^-. Assim, montamos o quadro de equilíbrio:

	HSO_4^-(aq) $\rightleftarrows$	H^+(aq) +	SO_4^{2-}(aq)
início	6×10^{-2}	2×10^{-2}	0
estequiometria	x	x	x
equilíbrio	$6 \times 10^{-2} - x$	$2 \times 10^{-2} + x$	x

$$\frac{\left[H^+ \right] \times \left[SO_4^{2-} \right]}{\left[HSO_4^- \right]} = \frac{\left(2 \times 10^{-2} + x \right) \times x}{\left(6 \times 10^{-2} - x \right)} = 1,0 \times 10^{-2}$$

$10^4 x^2 + 300 x - 6 = 0$

A raiz positiva desta equação é $1,37 \times 10^{-2}$. Logo:

$[H^+] = 3,37 \times 10^{-2} \Rightarrow pH = 1,47$

Finalmente, a solução B.

Temos 1,5 mmol de HCℓ(aq) e 1 mmol de Na_2CO_3(aq) em 25 mL de solução. Em termos iônicos, 1,5 mmol de H^+, 1,5 mmol de $Cℓ^-$, 2 mmol de Na^+ e 1 mmol de CO_3^{2-}. Após a neutralização H^+(aq) + CO_3^{2-}(aq) → HCO_3^-(aq), 0,5 mmol de H^+ e 1 mmol de HCO_3^- em 25 mL de solução, e o íon Na^+ é espectador.

Situação idêntica a alguma das anteriores? Claro que não! Ocorrerá agora H^+(aq) + HCO_3^-(aq) $\rightleftarrows$ H_2O(ℓ) + CO_2(g), e teremos 0,5 mmol de HCO_3^-(aq) em 25 mL de solução.

14 • EQUILÍBRIO IÔNICO

Usa-se como antiácido, para tratar a acidez do estômago porque ele tem o poder de neutralizar os excessos do ácido clorídrico do suco gástrico. Logo, sua solução aquosa é básica, e podemos afirmar pH > 7.

Mas... qual o motivo desta reação básica? Vamos detalhar.

Antes de mais nada, precisamos das constantes de acidez do ácido carbônico (H_2CO_3 representa tanto a possível molécula H_2CO_3 como também $CO_2(aq)$.

$H_2CO_3 \rightleftarrows HCO_3^- + H^+$ Ka1 = 4,4 × 10^{-7}

$HCO_3^- \rightleftarrows CO_3^{2-} + H^+$ Ka2 = 4,7 × 10^{-11}

O ânion HCO_3^- é anfiprótico, e tem dois "caminhos":

(1) $H_2CO_3 \rightleftarrows HCO_3^- + H^+$, no qual se comporta como um ácido, Ka2 = 4,7 × 10^{-11}.

(2) $HCO_3^- + H_2O \rightleftarrows H_2CO_3 + OH^-$, no qual se comporta como uma base, e o K desta reação é a constante de hidrólise, que pode ser calculada por:

$$Kh = \frac{Kw}{Ka1} = \frac{1,0 \times 10^{-14}}{4,4 \times 10^{-7}} = 2,27 \times 10^{-8}$$

Observe que o segundo "caminho" é o "mais forte" (2,27 × 10^{-8} > 4,7 × 10^{-11}), e que por isto a solução do sal $NaHCO_3$ vai ser básica (pH > 7).

Existe uma expressão bastante simples para cálculo da [H^+] em situações semelhantes a esta:

$$\left[H^+ \right] = \sqrt{Ka1 \times Ka2}$$

Introduzindo dados numéricos:

$$\left[H^+ \right] = \sqrt{4,4 \times 10^{-7} \times 4,7 \times 10^{-11}} = 4,55 \times 10^{-9}$$

pH = 8,34

Esta expressão simples ($\left[H^+ \right] = \sqrt{Ka1 \times Ka2}$) pode ser usada sempre a solução do sal for "moderadamente concentrada" (na prática, concentração molar ≥ 0,1 mol/L). Ela perde validade para valores de molaridade muito pequenos (solução muito diluída), uma vez que teremos a usual convergência dos valores de pH e pOH para 7.

Respondendo à questão, a ordem decrescente de pH é B > C > A.

06.

(A)   ②

$$M = \frac{m}{V \times MM} = \frac{0,37}{0,5 \times 74} \text{ mol/L} = 1,00 \times 10^{-2} \text{ mol/L}$$

(B)   ④

$Ca(OH)_2$, base alcalino-terrosa, em concentração baixa: podemos considerar total a dissociação iônica em $Ca^{2+}(aq)$ + 2 $OH^-(aq)$. Assim, [OH^-] = 2,00 × 10^{-2} mol/L.

pOH = 2 − log 2 ⇒ pH = 12 + log 2 ⇒ pH = 12,30

(C) ⑤

$$2\,HC\ell(aq) + Ca(OH)_2(aq) \rightarrow CaC\ell_2(aq) + 2\,H_2O(\ell)$$

$$\frac{n(HC\ell)}{2} = n(Ca(OH)_2) \Rightarrow \frac{V(HC\ell)\times M(HC\ell)}{2} = V(Ca(OH)_2)\times M(Ca(OH)_2)$$

$$\frac{V(HC\ell)\times 0,010}{2} = 100\times 0,010 \Rightarrow V(HC\ell) = 200\,mL$$

07. 4

1)	K_2CO_3	básica	K^+ não sofre hidrólise $CO_3^{2-} + H_2O \rightleftarrows HCO_3^{2-} + \mathbf{OH^-}$
2)	$KC\ell$	neutra	nem K^+ nem $C\ell^-$ sofre hidrólise
3)	Na_2SO_4	neutra	nem Na^+ nem SO_4^{2-} sofre hidrólise
4)	$NH_4C\ell$	ácida	$NH_4^+ \rightleftarrows NH_3 + \mathbf{H^+}$ $C\ell^-$ não sofre hidrólise
5)	$NaHCO_3$	básica	Na^+ não sofre hidrólise $HCO_3^- + H_2O \rightleftarrows H_2CO_3 + \mathbf{OH^-}$

Comentários detalhados foram feitos na questão **05**.

08.

(a) Houve uma mistura de soluções de mesmo soluto ($HC\ell$). Aplicamos:

$V1 \times M1 + V2 \times M2 = (V1 + V2) \times M3 \Rightarrow 10 \times 0,1 + 40 \times 0,15 = 50 \times M3$

Assim, $M3 = 1,40 \times 10^{-1}$ mol/L $\Rightarrow$ [H] $= 1,40 \times 10^{-1}$ mol/L

$pH = 1 - \log 1,40 = 0,85$

(b)
$$HC\ell + AgNO_3 \rightarrow AgC\ell + HNO_3$$

íons	H^+	$C\ell^-$	Ag^+	NO_3^-
[ ] inicial	1 mmol/L	1 mmol/L	6 mmol/L	6 mmol/L
[ ] final	1 mmol/L	–	5 mmol/L	6 mmol/L

Assim, teremos 1 mmol de H^+ em 50 mL de solução.

$[H^+] = 2,00 \times 10^{-2}$ mol/L $\Rightarrow$ pH = 2 – 0,30 = 1,70

c)
$$HC\ell + NaOH \rightarrow NaC\ell + H_2O$$

íons	H^+	$C\ell^-$	Na^+	OH^-
[ ] inicial	1 mmol/L	1 mmol/L	6 mmol/L	6 mmol/L
[ ] final	–	1 mmol/L	6 mmol/L	5 mmol/L

Assim, teremos 5 mmol de OH^- em 50 mL de solução.

$[OH^-] = 1,00 \times 10^{-1}$ mol/L $\Rightarrow$ pOH = 1,0 $\Rightarrow$ pH = 13,0

CAPÍTULO 15

ELETROQUÍMICA

01.

(A) 2

Nunca é demais lembrar que quantidade é número de mols.

$$96500\ C \quad - \quad 1\ mol\ de\ e^-$$
$$863 \times 10^{-3} \times 3600\ C \quad - \quad x$$

$$x = \frac{863 \times 10^{-3} \times 3600}{96500}\ mol = 3,22 \times 10^{-2}\ mol$$

(B) 3

O gás gerado no anodo é o oxigênio, como mostra a semirreação:

$H_2O(\ell) \rightarrow 2\ H^+(aq) + \frac{1}{2}\ O_2(g) + 2\ e^-$

O número de mols de O_2 pode ser então determinado por:

$$2\ mols\ de\ e^- \quad - \quad 0,5\ mol\ de\ O_2$$
$$3,22 \times 10^{-2}\ mol\ de\ e^- \quad - \quad n$$

$$n = \frac{3,22 \times 10^{-2} \times 0,5}{2}\ mol = 8,05 \times 10^{-3}\ mol$$

E o volume de O_2 se calcula por:

$$V = \frac{n \times R \times T}{p} = \frac{8,05 \times 10^{-3} \times 0,082 \times 298}{0,9}\ L = 0,219\ L = 219\ mL$$

(C) 2

A reação catódica é:

$Cu^{2+}(aq) + 2\ e^- \rightarrow Cu^0(s)$

Logo, a perda de Cu^{2+} em mols é:

$$\frac{3,22 \times 10^{-2}}{2}\ mol = 1,61 \times 10^{-2}\ mol = 16,1\ mmols$$

Como havia 30 mmols (300 × 0,1) de Cu^{2+}, restam 13,90 mmols de Cu^{2+} nos 300 mL de solução. A nova concentração é:

$$\frac{13,90\ mmol}{300\ mL} = 4,63 \times 10^{-2}\ mol/L$$

02.

(A) ②

Criolita ($Na_3A\ell F_6$, hexafluoroaluminato de sódio) é um mineral incomum, identificado em um depósito, originalmente grande, em Ivigtût, na costa oeste da Groenlândia. Este depósito esgotou em 1987.

A mina de criolita, em Ivigtût, Groenlândia, no verão de 1940.

Amostra de criolita extraída de Ivigtût

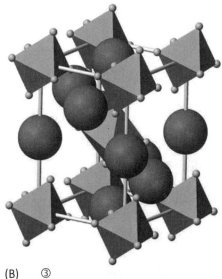

A palavra criolita deriva das palavras gregas *cryò* = frio, e *lithòs* = pedra. Este nome nos remete à sua função. A eletrólise do Al_2O_3 fundido seria tecnicamente difícil e economicamente inviável, uma vez que o ponto de fusão do Al_2O_3 é 2072 °C. O ponto de fusão da criolita é 1012 °C. Porém, a adição de um fundente, como a criolita, permite que a eletrólise ocorra a uma temperatura menor, de aproximadamente 1000 °C. Atualmente, a criolita está sendo substituída pela ciolita, um fluoreto artificial de alumínio, sódio e cálcio ($NaCaAlF_6$).
Na figura ao lado, a célula unitária da criolita: os octaedros do íon AlF_6^{3-} são bem visíveis.

(B) ③
1 F ou 1 faraday é uma unidade de carga elétrica, *fora do SI*, e é igual a 1 mol de elétrons, ou seja, aproximadamente 96500 C. Tem uso restrito à Eletroquímica.
A equação de produção de alumínio é $Al^{3+} + 3\ e^- \rightarrow Al$. Assim, podemos escrever:

3 mols de e⁻	—	1 mol de Al
3 F	—	27,0 g de Al
q	—	20,0 g de Al

q = 2,22 F
(C) ⑤
O trabalho necessário para se mover a carga elétrica de um coulomb através de uma diferença de potencial de um volt é igual a 1 joule: 1 J = 1 C × 1 V. Assim:

$$E = \frac{3 \times 96500 \times 20}{27} C \times 5{,}00 \text{ V} = 1{,}07 \times 10^6 \text{ J}$$

(D) ②
Abaixo, 3 visões da célula unitária de uma estrutura cúbica de face centrada, cfc. Observe que ela contém um átomo em cada vértice do cubo além de um átomo em cada face do cubo. As duas primeiras visões mostram modelos de esferas; a última mostra um modelo de bolas.

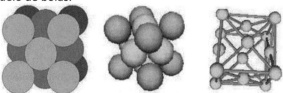

Observando a figura abaixo, podemos correlacionar o parâmetro da célula unitária **a** (*lattice constant*) com o raio atômico **r**. Uma vez que os átomos do vértice estão em contato pontual com o átomo do centro em cada face, temos para a estrutura cúbica de face centrada:

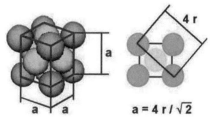

Assim, podemos calcular o raio atômico como:

$$r = \frac{a\sqrt{2}}{4} = \frac{4{,}05 \times 10^{-1} \times \sqrt{2}}{4} \text{ nm} = 1{,}43 \times 10^{-1} \text{ nm}$$

Este resultado concorda com a literatura, que dá para o Aℓ o raio atômico *calculado* de 143 pm.

03.
(A)   ③
A reação catódica é a redução da água gerando $H_2(g)$. Observe que o hidrogênio gerado não tem ação sobre o eletrodo de carbono:

$$2 H_2O(\ell) + 2 e^- \rightarrow H_2(g) + 2 OH^-(aq)$$

A reação anódica é a oxidação da hidroxila gerando $O_2(g)$. Observe que o oxigênio gerado irá oxidar o eletrodo de carbono a $CO_2(g)$:

$$4 OH^-(aq) \rightarrow O_2(g) + 2 H_2O(\ell) + 4 e^-$$
$$\underline{C(s) + O_2(g) \rightarrow CO_2(g)}$$
$$4 OH^-(aq) + C(s) \rightarrow CO_2(g) + 2 H_2O(\ell) + 4 e^-$$

Assim, do cátodo é liberado $H_2(g)$, e do ânodo, $CO_2(g)$.

(B) ②

2 mols de e^-	–	1 mol de $H_2(g)$
2 × 96500 C	–	22400 mL
0,500 A × t	–	56,0 mL

$$t = \frac{2 \times 96500 \times 56,0}{0,500 \times 22400} \, s = 965 \, s$$

04. 2 e 5 (respectivamente)

A reação anódica (oxidação) é a oxidação da hidroxila gerando oxigênio, e a reação catódica (redução) é a redução da água gerando hidrogênio. É importante "resistir à tentação" de escrever esta redução como se fosse a redução do $H^+(aq)$ a $H_2(g)$: não há $[H^+]$ suficiente para ser $H^+(aq)$ a espécie a se reduzir. Em resumo, temos a eletrólise da água.

semi-equação anódica	2	$4\,OH^-(aq) \rightarrow O_2(g) + 2\,H_2O(\ell) + 4\,e^-$	
semi- equação catódica	5	$2\,H_2O(\ell) + 2\,e^- \rightarrow H_2(g) + 2\,OH^-(aq)$	× 2
equação global		$4\,OH^-(aq) + 4\,H_2O(\ell) \rightarrow O_2(g) + 2\,H_2O(\ell) + 2\,H_2(g) + 4\,OH^-(aq)$	
simplificando		$2\,H_2O(\ell) \rightarrow O_2(g) + 2\,H_2(g)$	

05.

(A) ③

$Q = i \times t = (12 \times 3600)\,C = 43200\,C = 4,32 \times 10^4\,C$

(B) ②

A semi-equação catódica é $Ag^+(aq) + 1\,e^- \rightarrow Ag^0(s)$. Assim, 1 mol de elétrons produz 1 mol de prata.

| $9,65 \times 10^4\,C$ | – | 108 g |
| $4,32 \times 10^4\,C$ | – | m |

m = 48,35 g

06. 5

A partir do enunciado, podemos afirmar:

A: $2\,H^+ + Sn(s) \rightarrow H_2(g) + Sn^{2+}$ $E^0 = +a\,V$

B: $Sn^{4+} + H_2(g) \rightarrow Sn^{2+} + 2\,H^+$ $E^0 = +b\,V$

Como o potencial-padrão do par $H^+ \mid H_2$ é 0,00 V, podemos escrever:

15 • ELETROQUÍMICA

$$H^+ \text{ como oxidante:} \quad 2\,H^+ + 2\,e^- \to H_2 \quad E^0 = 0{,}00\,V$$
$$Sn^{2+} \text{ como oxidante:} \quad Sn^{2+} + 2\,e^- \to Sn^0 \quad E^0 = -a\,V$$
$$Sn^{4+} \text{ como oxidante:} \quad Sn^{4+} + 2\,e^- \to Sn^{2+} \quad E^0 = +b\,V$$

Assim:

$$+b \quad > \quad 0 \quad > \quad -a$$
$$Sn^{4+} \quad > \quad H^+ \quad > \quad Sn^{2+}$$

07.
(1) A reação anódica é $H_2O(\ell) \to \tfrac{1}{2}\,O_2(g) + 2\,H^+(aq) + 2\,e^-$
Assim, podemos colocar:

2 mol de e^-	–	½ mol de $O_2(g)$
2 F	–	16 g $O_2(g)$
x	–	0,16 g $O_2(g)$

x = 0,02 F
(2) A reação catódica é $Cu^{2+}(aq) + 2\,e^- \to Cu(s)$
Assim, podemos colocar:

2 mol de e^-	–	1 mol de $Cu^{2+}(s)$
2 F	–	1 mol de $Cu^{2+}(s)$
0,02 F	–	x

x = 0,01 mol de $Cu^{2+}(aq)$ retirado da solução
A solução continha $(0{,}2 \times 0{,}15)$ mol = 0,03 mol de $Cu^{2+}(aq)$. Logo, restaram 0,02 mol de $Cu^{2+}(aq)$ nos mesmos 200 mL de solução, o que conduz a uma molaridade de 0,1 mol/L.
Obs.: na verdade, há uma perda de 0,18 g de água (ou seja, aproximadamente 0,18 mL). Você sabe explicar o motivo? De qualquer forma, isto não altera nossa resposta.

08. Well, a questão apresenta um enunciado impreciso. Não é dito se os 112 mL de gás gerado correspondem ao total dos dois eletrodos, ou a apenas um eletrodo. Também não é dito se este volume foi medido nas CNTP. Consideraremos de um único eletrodo, medido nas CNTP.
(A) ② e ⑤
O que ocorre é:

reação catódica	$2\,H_2O(\ell) + 2\,e^- \to H_2(g) + 2\,OH^-(aq)$	⑤
reação anódica	$2\,C\ell^-(aq) \to C\ell_2(g) + 2\,e^-$	②

(B) ③
Qualquer que seja o eletrodo a ser considerado, podemos escrever que 2 mol de e^- correspondem a 1 mol de gás (22,4 L nas CNTP). Assim:

116 TREINAMENTO EM QUÍMICA – **MONBUKAGAKUSHO**

2×96500 C	–	22400 mL
Q	–	112 mL

Q = 965 C
(C) ③
$Q = i \times t \Rightarrow 965$ C $= 2,5$ A $\times t \Rightarrow t = 386$ s

09. 3
A semi-reação anódica é a oxidação da água: $H_2O(\ell) \rightarrow \frac{1}{2} O_2(g) + 2 H^+(aq) + 2 e^-$.
Podemos então esquematizar:

2 mol de e^-	–	$\frac{1}{2}$ mol de $O_2(g)$
2 faradays	–	16 g de $O_2(g)$
0,50 faraday	–	m

m = 4 g

10. ③
No processo de eletrólise do $CuSO_4(aq)$ com eletrodos de cobre (eletrodos ativos), as equações das reações que ocorrem são:

Eletrodo A (polo positivo, anodo) $Cu^0(s) \rightarrow Cu^{2+}(aq) + 2 e^-$

Eletrodo B (polo negativo, catodo) $Cu^{2+}(aq) + 2 e^- \rightarrow Cu^0(s)$

Estas equações mostram que o eletrodo **A** se *dissolve* (sua *massa diminui*) e que se deposita cobre no eletrodo **B** (sua *massa aumenta*). A quantidade de $Cu^{2+}(aq)$ na solução não se altera. Os ânions sulfato migram do polo negativo para o polo positivo. A quantidade de $Cu^0(s)$ que se deposita no eletrodo **B** é proporcional à carga elétrica envolvida no processo.

Este processo é utilizado na purificação eletrolítica do cobre. Faz-se a eletrólise de $CuSO_4$ em solução aquosa usando como catodo um fio de cobre puro e como anodo um bloco de cobre impuro. Nesse processo, precipita a *lama anódica*, formada por impurezas, principalmente de elementos do grupo 11, Ag e Au, da qual são posteriormente extraídos esses metais. Isto permite pagar o processo de refino eletrolítico do cobre.

11. ②

(a) $2 Na(s) + 2 H_2O(\ell) \rightarrow 2 NaOH(aq) + H_2(g)$

(b) $Cu(s) + HC\ell(aq) \rightarrow$ não reage

(c) $2 H_2O(\ell) \xrightarrow{\text{eletrólise}} 2 H_2(g) + O_2(g)$

(d) $MnO_2(g) + 4 HC\ell(aq) \rightarrow MnC\ell_2(aq) + 2 H_2O(\ell) + C\ell_2(g)$

15 • Eletroquímica   **117**

12. ①

(a) Compostos iônicos no estado sólido (cristais iônicos) não conduzem eletricidade.

(b) Compostos iônicos no estado líquido (fundidos) conduzem corrente elétrica. O que caracteriza um composto iônico é exatamente isto: não conduzir no estado sólido, mas conduzir no estado líquido.

(c) A eletrólise de uma solução aquosa de $NaC\ell$ com eletrodos inertes produz $H_2(g)$ no catodo, $C\ell_2(g)$ no anodo, obtendo-se ainda NaOH em solução.
$2\ NaC\ell(aq) + 2\ H_2O(\ell) \rightarrow H_2(g) + C\ell_2(g) + 2\ NaOH(aq)$

13. ③

Uma série eletroquímica bem simplificada pode ser usada:

K, Ca, Na, Mg, $A\ell$, Zn, Cd, Fe, Ni, Sn, Pb, **H**, Cu, Hg, Ag, Pt, Au

Os elementos à esquerda da prata são mais reativos do que ela, e podem deslocá-la do $AgNO_3(aq)$.

A resposta era muito fácil de ser obtida, devido ao fato da platina ser praticamente inerte quimicamente.

FUNÇÕES ORGÂNICAS

CAPÍTULO **16**

01. 3

Pede-se ao candidato associar uma série de nomes vulgares com as respectivas estruturas químicas, e estas últimas com grupos estruturais característicos.

Grupo A: Todas as substâncias escolhidas são matérias-primas da indústria de polímeros:

- o <u>acetato de vinila</u> (1) é o monômero responsável pela obtenção do poliacetato de vinila ou PVA usado em tintas de interiores e diferentes tipos de colas;

- o <u>estireno</u> (2) é usado para produção de um importante material, o poliestireno (PS), que compõe copos descartáveis, isopor®, componentes plásticos de eletrodomésticos e carros;

- o <u>ácido adípico</u> (3) é matéria prima para obtenção de poliamidas (náilon) e poliésteres;

- o <u>etileno glicol</u> (4), além de ser usado como anticongelante, é um dos reagentes utilizados para a obtenção de um importante plástico da sociedade contemporânea, um poliéster de nome politereftalato de etileno (PET);

- o <u>isopreno</u> (5) é a unidade fundamental da borracha natural, proveniente do látex da seringueira.

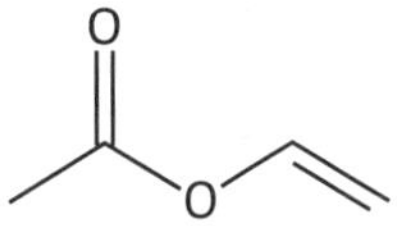

(1)

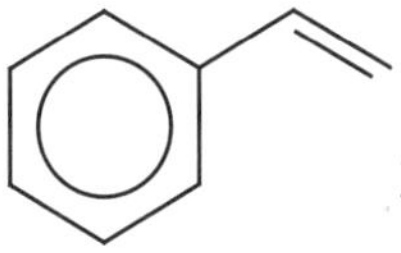

(2)

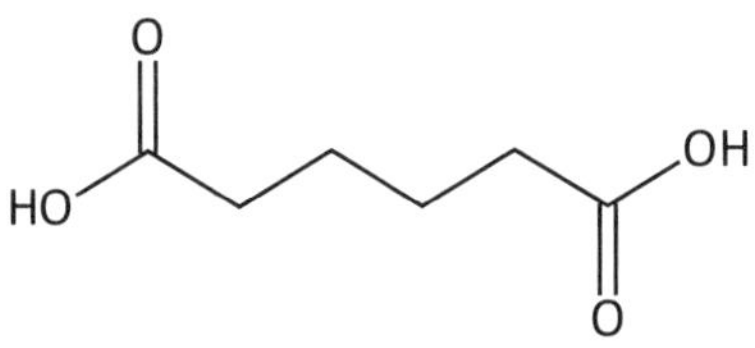

(3)

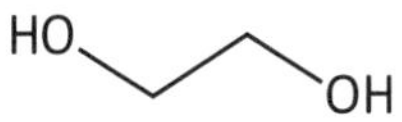

(4)

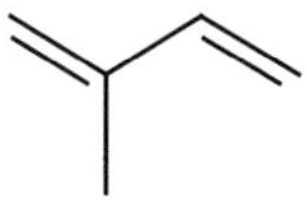

120 TREINAMENTO EM QUÍMICA – **MONBUKAGAKUSHO**

(5)

Grupos B e C

Estrutura	Outros nomes (características estruturais)
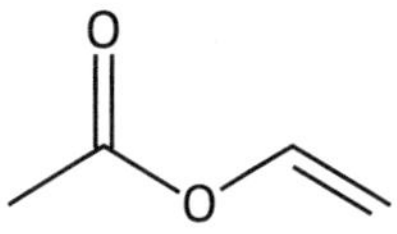 (estrutura: éster)	etanoato de vinila acetato de etenila (éster)
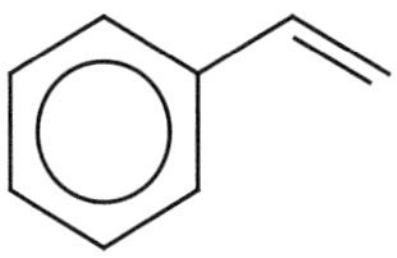 (estrutura: vinil benzeno)	vinil benzeno etenil benzeno (hidrocarboneto aromático mononuclear de cadeia ramificada)
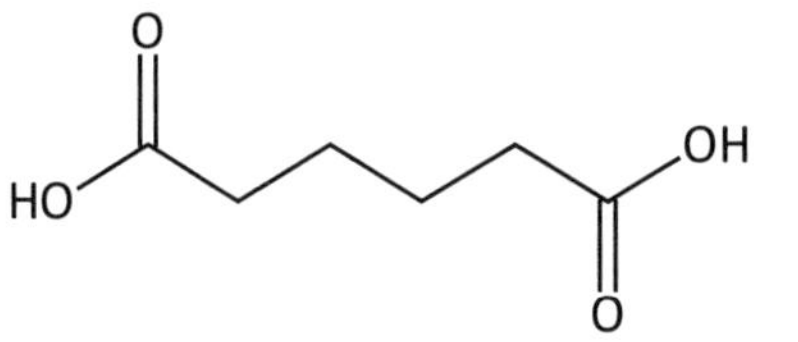 (estrutura: ácido dicarboxílico)	ácido hexanodioico ácido butano-1,4-dicarboxílico (ácido dicarboxílico de cadeia linear)
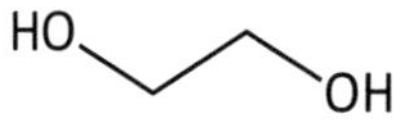 (estrutura: diol)	etano-1,2-diol mono etilenoglicol – MEG (álcool)
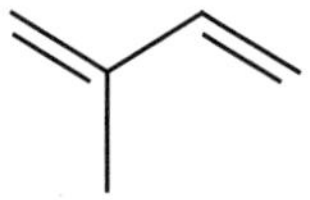 (estrutura: dieno)	2-metilbuta-1,3-dieno (dieno conjugado de cadeia ramificada)

Associações corretas:

1 – (e) – ①   2 – (a) – ③   3 – (d) – ⑤   4 – (b) – ④   5 – (c) – ②

02. ⑤

O hidrocarboneto para possuir uma cadeia aberta (alifática) com ligação dupla deve possuir fórmula geral: C_nH_{2n} (alceno), C_nH_{2n-2} (dieno), C_nH_{2n-4} (dienino ou trieno) e assim em diante.

Mas a questão apresenta um facilitador ao candidato pois oferece como opções cadeias de até quatro átomos de carbono, assim:

① C_4H_{10} pertence a um hidrocarboneto saturado.

16 • FUNÇÕES ORGÂNICAS

② C_2H_2 só pode ser o etino (alcino).

③ C_3H_4 pode ser o propino (alcino) ou propadieno (dieno).

④ C_2H_6 só pode ser etano (alcano).

⑤ C_3H_6 só pode ser o propeno (alceno).

Como a opção ③ pode se tratar de um alcino, a resposta mais adequada é a ⑤.

03.

(A) ①

A análise elementar (composição centesimal) do aminoácido citado permite a determinação da fórmula mínima do menor aminoácido constituinte do pentapeptídio.

32,0 % de C	÷ 12	=	2,67	÷ 1,33	=	2
6,67% de H	÷ 1	=	6,67	÷ 1,33	=	5
42,7% de O	÷ 16	=	2,67	÷ 1,33	=	2
18,7% de N	÷ 14	=	1,33	÷ 1,33	=	1

Isto equivale à fórmula mínina $C_2H_5NO_2$.

(B) ③

Os nomes dos principais aminoácidos estão colocados abaixo:

Substituinte alquílico (–R): glicina, alanina, valina e leucina

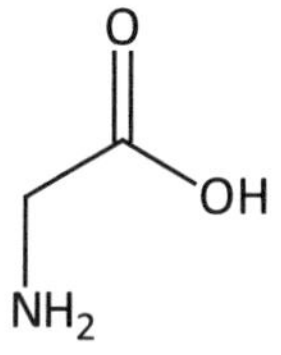

Gly

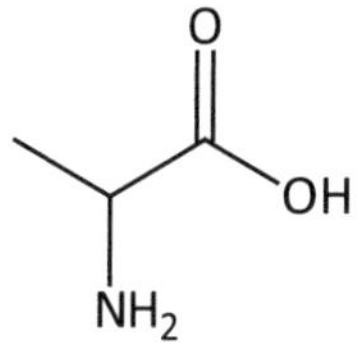

Ala

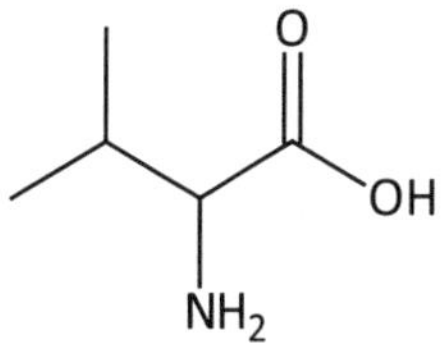

Val

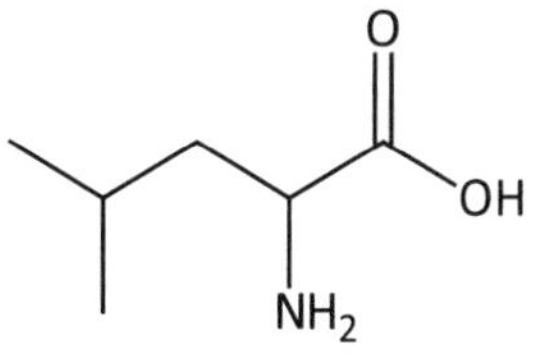

Leu

Substituinte contendo uma função orgânica: cisteína, serina e ácido glutâmico

Cys

Ser

Glu

Substituinte contendo anel aromático: fenilalanina e tirosina

Phe

Tyr

A encefalina foi descoberta em 1975. Existem duas formas de encefalina: uma contendo leucina (Leu), outra contendo metionina (Met). Ambas são produtos do gen proencefalina. Met-encefalina (ao lado) é:

Tyr-Gly-Gly-Phe-**Met**

Leu-encefalina é:

Tyr-Gly-Gly-Phe-**Leu**

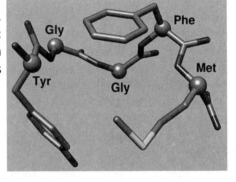

04. 4

Usamos a densidade para escrever:

1,96 g	–	1 L
m	–	22,4 L

16 • FUNÇÕES ORGÂNICAS — 123

A massa m corresponde à massa de 1 mol. Como m = 1,96 × 22,4 g = 43,904 g, o gás que corresponde a 43,904 g/mol é o propano (C_3H_8).

05. 3

O cálculo da massa molecular do gás ideal pode ser realizado pela equação de estado dos gases ideais (equação de Clapeyron):

$$P \times V = n \times R \times T$$

Ao aplicar

$$n = \frac{m}{M}$$

tem-se

$$P \times V = \frac{m}{M} \times R \times T$$

onde

P = pressão (atm)

V = volume (L)

m = massa do gás (g)

M = massa molar do gás ($g \cdot mol^{-1}$)

R = constante geral dos gases ideais ($atm \cdot L \cdot mol^{-1} \cdot K^{-1}$) = 0,082 $atm \cdot L \cdot mol^{-1} \cdot K^{-1}$

T = temperatura (K)

Ao substituir os valores fornecidos

$$0,9 \times 0,41 = \frac{0,42}{M} \times 0,082 \times 300$$

M = 28 $g \cdot mol^{-1}$

A única alternativa que possui a massa molar de 28 $g \cdot mol^{-1}$ é o eteno, C_2H_4.

06. ③

A relação entre nome e estrutura fica:

① Ciclo-hexeno

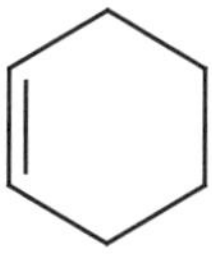

② Anilina

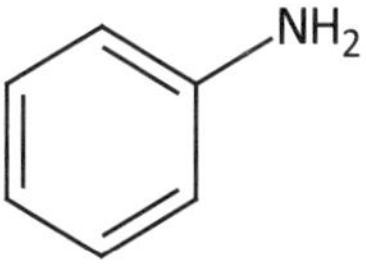

124 TREINAMENTO EM QUÍMICA – **MONBUKAGAKUSHO**

③ Glicerina (propano-1,2,3-triol)

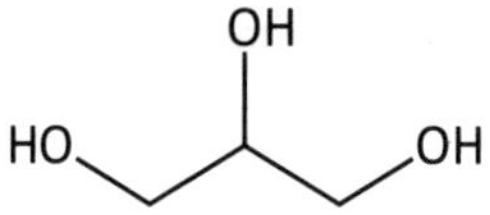

④ Ácido fórmico

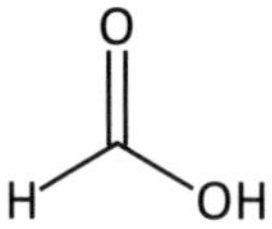

⑤ Acetona

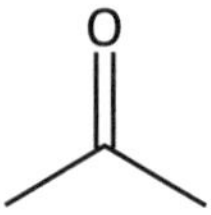

Apesar do uso de substâncias "consagradas" nos exames pós ensino médio, a maior dificuldade é o uso da nomenclatura vulgar.
A única estrutura exclusivamente composta por ligações simples (ligações sigma) é a da glicerina.

07. ②
Os ácidos carboxílicos constituem uma classe de ácidos orgânicos dentre outros como os ácidos sulfônicos e fosfatídicos. Diversos ácidos carboxílicos são mais conhecidos pelos nomes vulgares, assim nesta classe de substâncias a nomenclatura usual é especialmente importante.
A relação entre nome-estrutura é dada por:

① Ácido maléico

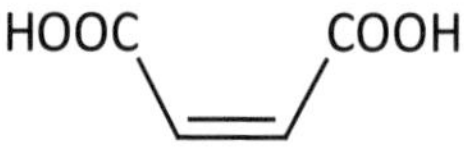

② Ácido láctico

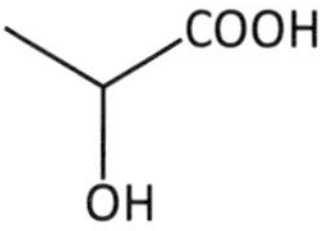

③ Ácido ftálico

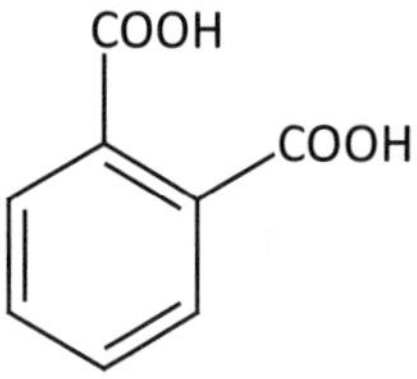

④ Ácido oxálico   HOOC—COOH

16 • FUNÇÕES ORGÂNICAS   **125**

⑤   Ácido sulfúrico

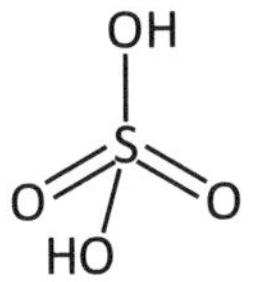

O ácido láctico é o único com apenas um grupo carboxila, os compostos ①, ③ e ④ possuem dois grupamentos e a estrutura ⑤ não possui.

Outros ácidos carboxílicos de nomenclaturas usuais importantes são:

I   Ácido fumárico

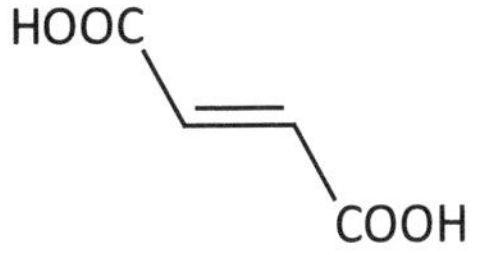

II   Ácido salicílico

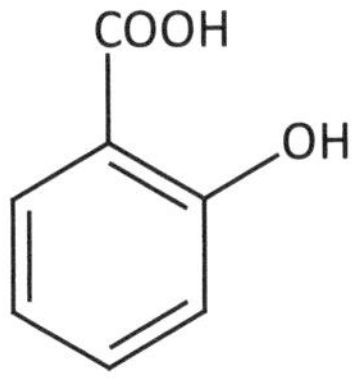

III   Ácido malônico

IV   Ácido tereftálico

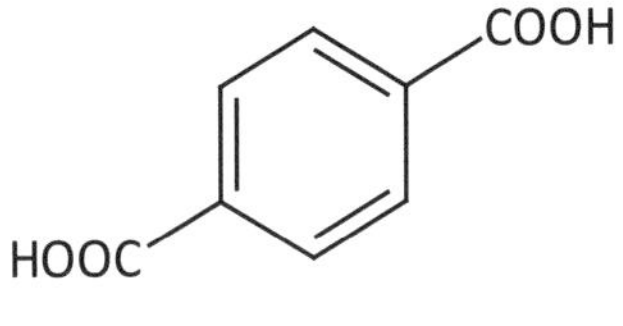

V   Ácido adípico

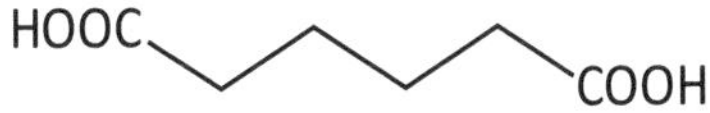

Observações:

- Os ácidos fumárico e o maléico são isômeros geométricos (diastereoisômeros), ou se preferir isômeros trans e cis do ácido but-2-enodióico.

- Não confundir ácido maléico com ácido málico, que é o ácido hidroxibutanodióico.

- O termo ácido ftálico corresponde apenas ao isômero orto. O isômero meta é conhecido como ácido isoftálico, e o isômero para como ácido tereftálico. O principal uso do ácido tereftálico é na formação do polímero PET, em combinação com o etilenoglicol.

126 TREINAMENTO EM QUÍMICA – **MONBUKAGAKUSHO**

08.

a) ③

Acetileno é o etino, C_2H_2 (alcinos seguem a fórmula geral C_nH_{2n-2}). Etano é C_2H_6 (alcanos seguem a fórmula geral C_nH_{2n+2}). Assim:

$$C_2H_2 + 2\,H_2 \rightarrow C_2H_6$$

Podemos escrever:

$$\frac{n(H_2)}{2} = n(C_2H_6) \Rightarrow n(H_2) = 2 \times n(C_2H_6) \Rightarrow n(H_2) = 2 \times 0,850\,\text{mol} = 1,70\,\text{mol}$$

b) ①

V = 1,70 mol × 22,4 L/mol = 38,08 L

09.

(A) ②

Cálculo da massa de oxigênio m(O):

$$m(C) = 21,5\,\text{mg } CO_2 \times 12\,\text{mg C} / 44\,\text{mg } CO_2 = 5,86\,\text{mg de carbono}$$

$$m(H) = 8,7\,\text{mg } H_2O \times 2\,\text{mg H} / 18\,\text{mg } H_2O = 0,97\,\text{mg de hidrogênio}$$

m(O) = m(composto) − m(C) − m(H) = 14,8 mg − 5,86 mg − 0,97 mg = 7,97 mg

Determinação da fórmula mínima:

$$n(C) = m(C) / MM(C) = 5,86 \times 10^{-3}\,\text{g} / 12\,\text{g·mol}^{-1} = 4,89 \times 10^{-4}\,\text{mol de C}$$

$$n(H) = m(H) / MM(H) = 0,97 \times 10^{-3}\,\text{g} / 1\,\text{g·mol}^{-1} = 9,67 \times 10^{-4}\,\text{mol de H}$$

$$n(O) = m(O) / MM(O) = 7,97 \times 10^{-3}\,\text{g} / 16\,\text{g·mol}^{-1} = 4,98 \times 10^{-4}\,\text{mol de O}$$

A razão 4,89 : 9,67 : 4,98 pode ser aproximada para 1 : 2 :1. A fórmula mínima do composto orgânico é CH_2O.

(B) ③

Para a determinação da fórmula molecular, deve-se usar a massa molecular dada, 60 u.

$$\text{fórmula mínima} \quad CH_2O \quad 30\,u$$

$$\text{fórmula molecular} \quad (CH_2O)_n \quad 60\,u$$

30 n = 60 ⇒ n = 2 ⇒ fórmula molecular $C_2H_4O_2$

Ao analisar as alternativas deste item (B), há somente uma com massa molecular 60 u, e esta alternativa sustenta a alternativa ② (certa) do item anterior (A). Com o intuito de ganhar tempo na resolução, a análise das alternativas pode encaminhar uma resolução mais curta.

10. O estado físico de substâncias orgânicas de cadeias pequenas (até cinco átomos de carbono) nas condições normais de temperatura e pressão (CNTP) depende do tipo de interação intermolecular. Podemos generalizar:

16 • Funções Orgânicas

| Hidrocarbonetos com até quatro átomos de carbono | gasosos (dipolo induzido) |
| Ácidos carboxílicos, álcoois, cetonas e outras funções oxigenadas com até cinco átomo de carbono | líquidos (dipolo-dipolo e ligação de hidrogênio) |

A presença da ligação de hidrogênio como interação intermolecular permite uma maior força de atração quando comparada a dipolo-dipolo ou dipolo induzido. Desta forma as funções orgânicas amida, amina, ácido carboxílico e álcool tendem a possuir os maiores valores de temperatura de fusão e de ebulição. A associação correta fica:

(1)   líquido   (2)   sólido   (3)   líquido   (4)   líquido   (5)   gasoso
A nível de curiosidade, apresentamos uma tabela de pontos de fusão e de ebulição destas substâncias.

Substância	P.F. (°C)	P.E. (°C)
metanol	−97,8	64,7
ácido acético	16,6	118
acetaldeído	−123,5	20,2
acetona	−94,8	56,2
etileno	−169,2	−103,7

11. Dados da combustão do éter:

$m(\text{éter}) = 12,0$ mg $m(CO_2) = 26,4$ mg $m(H_2O) = 14,4$ mg
Cálculo da massa de oxigênio:
$m(C) = 26,4$ mg $CO_2 \times (12$ mg C / 44 mg $CO_2) = 7,20$ mg de C
$m(H) = 14,4$ mg $H_2O \times (2$ mg H / 18 mg $H_2O) = 1,60$ mg de H
$m(\text{éter}) = m(O) + m(C) + m(H)$
$m(O) = m(\text{éter}) - m(C) - m(H) = (12,0 - 7,20 - 1,60)$ mg $= 3,2$ mg
Determinação da fórmula mínima:

$$n(C) = 7,2 \times 10^{-3}\text{ g} \div 12 \text{ g·mol}^{-1} = 0,6 \times 10^{-3}\text{ mol de C}$$
$$n(H) = 1,6 \times 10^{-3}\text{ g} \div 1 \text{ g·mol}^{-1} = 1,6 \times 10^{-3}\text{ mol de H}$$
$$n(O) = 3,2 \times 10^{-3}\text{ g} \div 16 \text{ g·mol}^{-1} = 0,2 \times 10^{-3}\text{ mol de O}$$

A menor proporção inteira entre 0,2 : 0,6 : 1,6 é 1 : 3 : 8. Assim, a fórmula mínima fica C_3H_8O.
A determinação da massa molar do éter se faz pela lei de Clayperon:
$P \times V = (m/MM) \times R \times T$
$6,56$ atm $\times 1$ L $= (12,0$ g / MM$) \times 0,082$ atm·L·mol^{-1}·K$^{-1} \times 400$ K
$MM = 60$ g/mol
Deduz-se portanto que a formula mínima é idêntica à fórmula molecular, C_3H_8O.
Aliás, para $(C_3H_8O)_n$, n obrigatoriamente é 1. Você sabe explicar o motivo?
Resumindo as respostas, temos:

(1)   Fórmula empírica: C_3H_8O

128 TREINAMENTO EM QUÍMICA – **MONBUKAGAKUSHO**

(2) Massa molecular: 60 u

(3) Fórmula molecular: C_3H_8O

(4) Estrutura química: (2): $CH_3 - CH_2 - O - CH_3$

Observações: O formalismo para a resolução da questão é apresentado nesta ordem. Porém, sob o signo do pragmatismo, deve-se atender ao curto tempo de resolução da prova (60 minutos). Desta forma, um atalho seria analisar as alternativas dadas na questão (4), nestas há apenas um éter! A partir deste, pode-se responder às questões (1), (2) e (3) anteriores.

12. ③

Uma importante classificação dos polímeros é o tipo de reação de obtenção:

Polímeros de adição	são obtidos sem a formação de subprodutos. São exemplos típicos os hidrocarbonetos como o polietileno, polipropileno e poliestireno.
Polímeros de condensação	são obtidos conjuntamente com pequenas moléculas inorgânicas, como a água ou a amônia. Os exemplos mais importantes são os poliestirenos e poliamidas.

Algumas características dos polímeros citados são colocadas abaixo:

① Polietileno (PE)

Hidrocarboneto obtido pela polimerização de adição do etileno (eteno). Variando-se as condições reacionais, pode-se formar o polietileno de alta densidade (PEAD), muito compacto e de alta resistência, que pode possuir em uma única cadeia polimérica linear até 100.000 unidades do monômero. O outro polietileno é o de baixa densidade (PEBD), que é mais flexível e possui uma cadeia ramificada muito menor, na ordem de 1000 unidades de etileno. O PEBD é constituinte das sacolas plásticas flexíveis usadas para ensacar lixo e o PEAD, por exemplo, é muito usado em brinquedos e nas embalagens de produtos de limpeza.

② Polipropileno (PP)

Hidrocarboneto obtido pela polimerização por adição do propileno (propeno). Usado na fabricação de parachoques de automóveis, e em peças que são expostas ao aquecimento, como mamadeiras e material cirúrgico. Apesar de aparentemente sutil, a presença do substituinte metila é um diferencial fundamental para as diferentes propriedades do PE e PP, devido, em parte, ao aumento da interação intermolecular.

③ Polietileno tereftalato (PET):

16 • Funções Orgânicas

Pode ser obtido pela polimerização por condensação do ácido tereftálico e o etileno glicol:

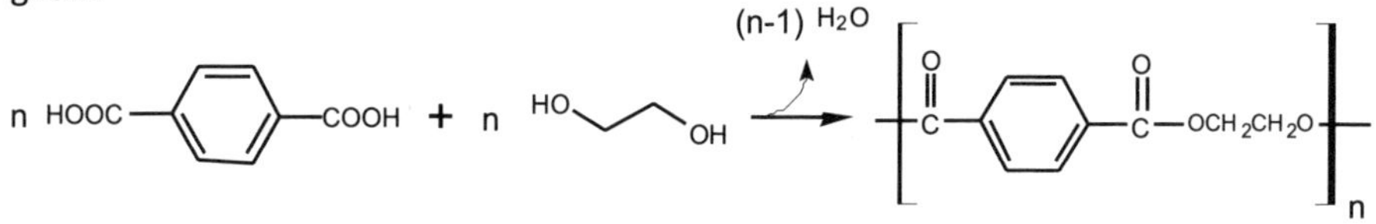

n HOOC—⟨benzeno⟩—COOH + n HO—CH₂CH₂—OH $\xrightarrow{(n-1) H_2O}$ —[—CO—⟨benzeno⟩—CO—OCH$_2$CH$_2$O—]$_n$—

O PET é largamente usado em embalagens diversas e na tecelagem. Por amolecer sob aquecimento, o PET pode sofrer moldagem inúmeras vezes, o que permite sua total reciclagem. O polímero que funde sob aquecimento é classificado como termoplástico.

④ Náilon-6,6:

O náilon pode ser formado através da reação de um diácido com uma diamina. Em tal reação de polímerização, ocorre a liberação de água. Os números seis e seis denotam o número de carbonos da cadeia do diácido e da diamina. O náilon, assim como as outras poliamidas, apresenta ótima resistência ao tracionamento e à deterioração.

$$n\ HOOC(CH_2)_4COOH + n\ H_2N-(CH_2)_6-NH_2 \rightarrow [-OC-(CH_2)_4CO-NH-(CH_2)_6-NH-]_n + (n-1)H_2O$$

O colete a prova de bala é formado por um tecido de kevlar, uma resistente poliamida. A estrutura química do kevlar é representada por:

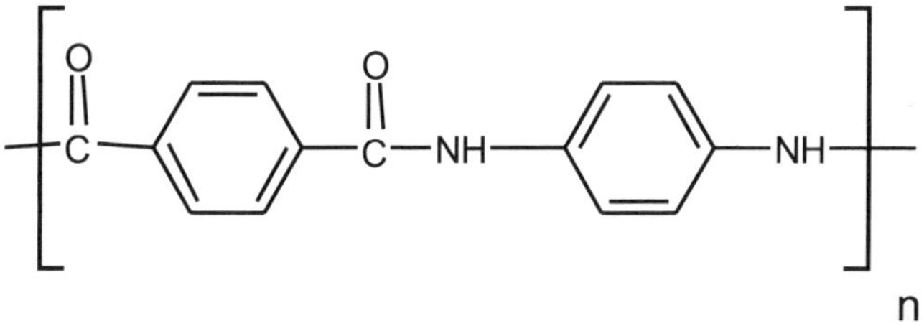

$$-\left[C(=O)-\text{⟨benzeno⟩}-C(=O)-NH-\text{⟨benzeno⟩}-NH \right]_n-$$

⑤ Proteína:

A cadeia protéica é formada pelo encadeamento de diferentes aminoácidos que ocorre pela formação da ligação peptídica (uma amida). O esquema abaixo exemplifica a formação de um tripeptídio:

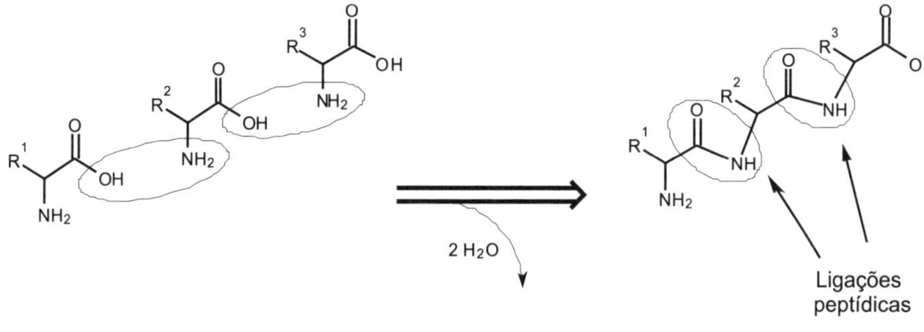

2 H₂O

Ligações peptídicas

130 TREINAMENTO EM QUÍMICA – MONBUKAGAKUSHO

Além da amida em cada ligação peptídica, há uma amina e um ácido carboxílico nas respectivas extremidades da cadeia linear de uma proteína e funções diversas em cada substituinte lateral (–R).

13. Como $(1,14 + 0,19 + 7,63)$ g $= 8,96$ g, descartamos a existência de outro elemento além de C, H e Br. Usando o método usual:

$$
\begin{aligned}
&\text{C:} \quad 1,14 \div 12 = \quad 9,50 \times 10^{-2} \;\Rightarrow \div\, 9,50 \times 10^{-2} = \; 1 \\
&\text{H:} \quad 0,19 \div 1 = \quad 1,90 \times 10^{-1} \;\Rightarrow \div\, 9,50 \times 10^{-2} = \; 2 \\
&\text{Br:} \quad 7,63 \div 79,9 = 9,55 \times 10^{-2} \;\Rightarrow \div\, 9,50 \times 10^{-2} \cong \; 1
\end{aligned}
$$

Logo, a fórmula mínima do composto é CH_2Br. Esta fórmula corresponde a uma única fórmula molecular, $C_2H_4Br_2$. Você sabe explicar o motivo?

14. A equação de combustão do propano é $C_3H_8 + 5\,O_2 \rightarrow 3\,CO_2 + 4\,H_2O$. Assim:

$$
n\left(C_3H_8\right) = \frac{n(O_2)}{5} \Rightarrow \frac{m\left(C_3H_8\right)}{MM\left(C_3H_8\right)} = \frac{m(O_2)}{5 \times MM(O_2)} \Rightarrow \frac{1}{44} = \frac{m(O_2)}{5 \times 32}
$$

$$
m\left(O_2\right) = \frac{5 \times 32}{44}\,g = \frac{40}{11}\,g
$$

A equação de combustão do metano é $CH_4 + 2\,O_2 \rightarrow CO_2 + 2\,H_2O$. Assim:

$$
n\left(CH_4\right) = \frac{n(O_2)}{2} \Rightarrow \frac{m\left(CH_4\right)}{MM\left(CH_4\right)} = \frac{m(O_2)}{2 \times MM(O_2)} \Rightarrow \frac{1}{16} = \frac{m(O_2)}{2 \times 32}
$$

$$
m\left(O_2\right) = \frac{2 \times 32}{16}\,g = 4\,g
$$

Assim, a relação solicitada é:

$$
\frac{\dfrac{40}{11}\,g}{4\,g} = \frac{10}{11} = 0,909
$$

15. A equação de nitração do benzeno é:

Escrevendo fórmulas moleculares:

$$
C_6H_6 + HNO_3 \rightarrow C_6H_5NO_2 + H_2O
$$

Chamando o benzeno de Bz e o nitrobenzeno de NBz, podemos escrever que:

$$
n\left(Bz\right) = n(NBz) \Rightarrow \frac{m(Bz)}{MM(Bz)} = \frac{m(NBz)}{MM(NBz)} \Rightarrow \frac{50}{78} = \frac{m(NBz)}{123}
$$

16 • Funções Orgânicas   131

$$m(NBz) = \frac{50 \times 123}{78} g = 78,85 g$$

Esta é a massa teórica de nitrobenzeno que *poderia* ser obtida. Se foram obtidos 55 g, o rendimento é:

$$\rho = \frac{55 g}{78,85 g} \times 100\% = 69,76\% \cong 70\%$$

16. ⑥

Mais comum e fácil é a identificação estrutural dos grupos funcionais que caracterizam as funções orgânicas. Porém, a nomenclatura destes, apesar de menos exigida, deve ser conhecida pelos candidatos dos exames pós-ensino médio. Uma relação de alguns grupos funcionais é dada a seguir:

Nome do grupo funcional	Estrutura	Funções orgânicas características
hidroxi (ou oxidrila)	$-OH$	álcool e fenol
carboxila	$\overset{O}{\underset{}{\overset{\|\|}{C}}}{-}OH$	ácido carboxílico
carbonila	$\overset{O}{\underset{}{\overset{\|\|}{C}}}$	aldeído e cetona
nitro	$-NO_2$	nitro
sulfona	$-SO_3H$	ácido sulfônico
amino	$-NH_2$	amina

17. ④

As substâncias menos polares apresentam menor solubilidade aquosa enquanto que a presença de grupos mais polares favorece a maior solubilidade em água. Os valores das solubilidades são dados no quadro abaixo:

#	Primeira substância (solubilidade)	Segunda substância (solubilidade)
①	ácido acético (completamente miscível)	acetona (completamente miscível)
②	anilina (3,7 g/100 g de H_2O)	etanol (completamente miscível)

③	etileno glicol (completamente miscível)	fenol (8,6 g/100 g de H_2O)
④	acetato de etila (8,5 g/100 g de H_2O)	hexano (5 mg/100 g de H_2O)
⑤	formaldeído (completamente miscível)	naftaleno (3 mg/100 g de H_2O)

A presença do átomo de oxigênio na estrutura orgânica permite a realização de ligação de hidrogênio entre a água e o soluto orgânico, o que aumenta a solubilidade aquosa. Observe que as substâncias com estruturas oxigenadas com até três (3) átomos de carbono são completamente miscíveis em água, e que o aumento da cadeia acarreta a diminuição da solubilidade. Os compostos não oxigenados (hexano e naftaleno) apresentam uma solubilidade ínfima.

O item que apresenta substâncias pouco solúveis é o ④, pois é o único que não traz nenhuma estrutura oxigenada de cadeia pequena (com até três átomos de carbono). Mas... o que seria uma substância pouco solúvel? Qual o limiar entre uma substância solúvel e insolúvel? Tal pergunta não apresenta resposta simples. Por isso, o mais adequado seria questionar a correlação entre solubilidades como, por exemplo, indicar o mais solúvel ou ordenar as substâncias em solubilidade crescente.

Porém, sem escapar da pergunta original, o que podemos considerar solúvel?

Resposta: valores de solubilidade acima de 1% em massa.

Capítulo 17
Isomeria

01. 3
Existem quatro alcenos com quatro átomos de carbono:

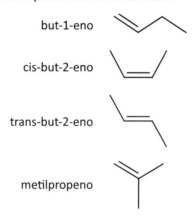

02.
(A) 6
Cálculo do número de mols de átomos constituintes em 12 mg da substância A
26,5 mg CO_2 × 12g C / 44 g CO_2 = 7,2 mg de C que corresponde a 0,6 × 10^{-3} mol de C
14,4 mg H_2O × 2g H / 18g H_2O = 1,6 mg de H que corresponde a 1,6 x 10^{-3} mol de H
Para 12 mg de A tem-se m(C) + m(H) + m(O) = 12 mg
Assim m(O) = (12 – 7,2 – 1,6) mg = 3,2 mg
3,2 mg de oxigênio corresponde a 0,2 × 10^{-3} mol de O
Caracterizamos então a fórmula mínima de A:
$$C_{0,6}H_{1,6}O_{0,2} \text{ é equivalente a } C_3H_8O$$
Cálculo da massa molar de A:
$$P \times V = \frac{m}{MM} \times R \times T \Rightarrow MM = \frac{m \times R \times T}{P \times V} \Rightarrow MM = \frac{30 \times 10^{-3} \times 0,082 \times 300}{0,60 \times 20,5 \times 10^{-3}} \text{ g·mol}^{-1}$$

MM = 60 g · mol^{-1}
Como a fórmula mínima corresponde à massa de 60 u, a fórmula molecular coincide com a fórmula mínima. A fórmula molecular de A é C_3H_8O.
(B) 3
A fórmula molecular C_3H_8O obedece à fórmula geral $C_nH_{2n+2}O$, que a relaciona a um álcool ou a um éter. As estruturas possíveis são:

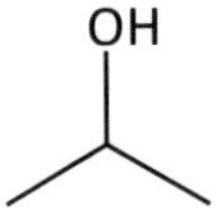

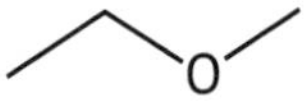

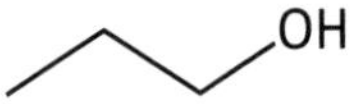

TREINAMENTO EM QUÍMICA – MONBUKAGAKUSHO

$$OH \quad\quad\quad O \quad\quad\quad OH$$

I   II   III

I   propan-2-ol ou álcool isopropílico

II   metoxietano ou etil metil éter ou éter etílico e metílico

III   propan-1-ol ou álcool propílico

Não se esqueça que a isomeria estrutural não considera a isomeria geométrica ou óptica.

03. ②
A fórmula molecular C_3H_8O possui como isômeros:

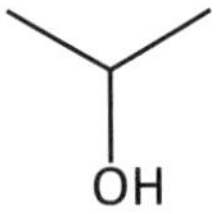

1:      propan-1-ol   OH

2:      propan-2-ol   OH

3:      metoxietano   O

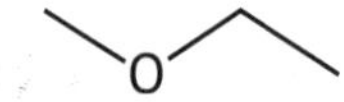

A fórmula geral $C_nH_{2n+2}O$ se relaciona a um álcool ou éter de cadeia aberta e saturada.

04.
(A)   ③
Como a soma da composição percentual é 100%, sabe-se que o composto não é oxigenado. Como o valor da massa molecular é fornecido, pode-se determinar a massa de cada elemento químico em uma molécula por:

$m(C) = 59\ u \times 0,61 = 35,99\ u \cong 36\ u$

$m(H) = 59\ u \times 0,153 = 9,03\ u \cong 9\ u$

$m(N) = 59\ u \times 0,237 = 13,98\ u \cong 14\ u$

Cálculo do número de átomos por molécula:

$C = 36\ u\ /\ 12\ u \cdot átomo^{-1} = 3$ átomos de carbono

$H = 9\ u\ /\ 1\ u \cdot átomo^{-1} = 9$ átomos de hidrogênio

$N = 14\ u / 14\ u \cdot átomo^{-1} = 1$ átomo de nitrogênio

Fórmula molecular : C_3H_9N

(B)   ④
Os nomes dos isômeros planos de C_3H_9N, e suas respectivas estruturas químicas são:

17 • ISOMERIA 135

propanamina (ou propilamina)   etilmetilamina (ou N-metiletanamina)

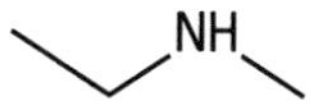

isopropilamina (ou propan-2-amina) 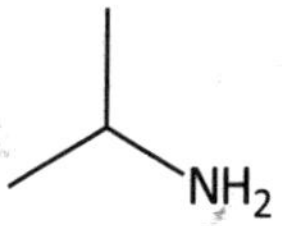   trimetilamina (ou N,N-dimetilmetanamina)

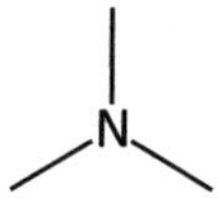

Observação: Para a resolução mais rápida desta questão (e nesse tipo de prova o tempo é crucial!), pode-se utilizar as fórmulas moleculares das alternativas dadas do item 4(A), e calcular a porcentagem em massa de carbono, ou do nitrogênio, ou do hidrogênio. Aquela que fornecer a porcentagem do texto é a resposta correta!

05. 5
A isomeria geométrica (isomeria cis-trans) em compostos de cadeia insaturada é verificada quando cada átomo de carbono da ligação dupla, C = C, possui grupos substituintes distintos, conforme abaixo:

$R_1 \neq R_2$ $R_3 \neq R_4$

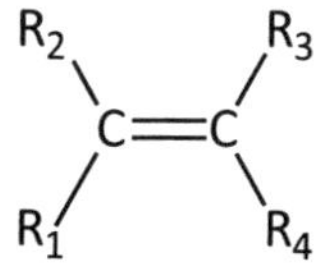

Nenhuma relação é necessária entre substituintes de átomos de carbonos diferentes para a existência da isomeria geométrica. Os isômeros cis e trans podem ser chamados de diastereoisômeros.
Das estruturas fornecidas, não apresentam isomeria geométrica as abaixo:

1)

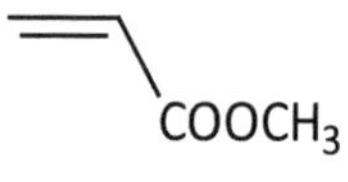

2)

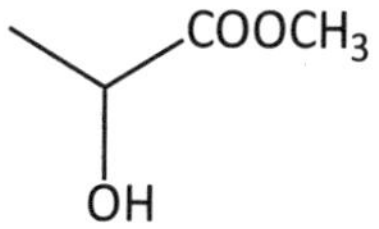

3)

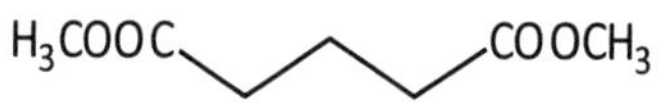

4)

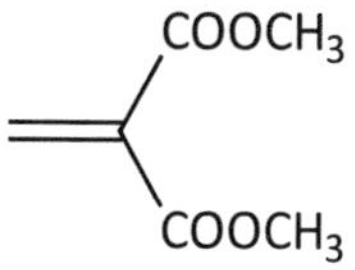

6)

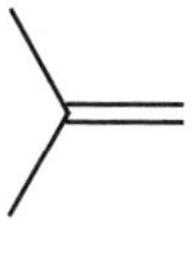

Apenas a estrutura 5, butanodioato de metila, possui dois diastereoisômeros. O isômero trans é chamado de fumarato de metila, e o cis de maleato de metila:

isômero trans
(fumarato de metila)

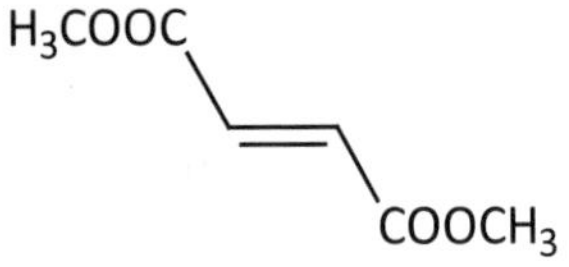

isomero cis
(maleato de metila)

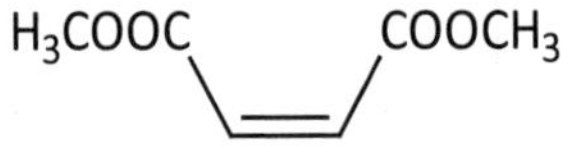

06.   4

A quantidade de isômeros estruturais (planos) **não** envolve os isômeros ópticos, assim os isômeros estruturais de posição do dicloropropano são:

1,3-dicloropropano

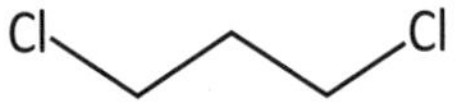

1,2-dicloropropano

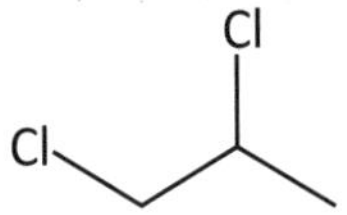

1,1-dicloropropano

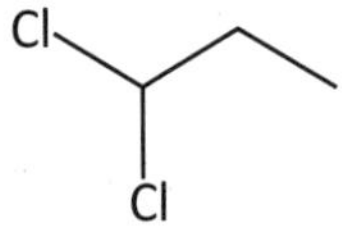

2,2-dicloropropano

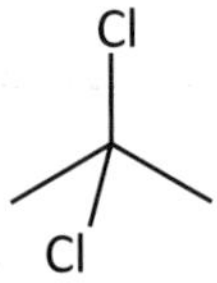

07.   ②

Os 6 isômeros possíveis com C_4H_8 são: but-1eno, *trans*-but-2-eno, *cis*-but-2-eno, metilpropeno, ciclobutano e metilciclopropano. Nas alternativas de ① a ⑥ são citados apenas o but-1-eno e o metilpropeno.

Assim, para resolver o item (a) temos que estudar as reações de adição de $C\ell_2$ a estes dois compostos.

Qual ou quais deles, ao reagirem com $C\ell_2$ produzem isômeros ópticos? Aquele(s) que formar(em) produto com carbono(s) quiral(is).

Observe as equações e as estruturas dos produtos.

17 • ISOMERIA 137

A estrutura A apresenta um carbono quiral, logo dois isômeros ópticos ativos. A estrutura B não possui estereocentro, e assim não é ativo opticamente.

Item (b): A existência de isomeria cis-trans ocorre apenas com o but-2-eno:

trans-but-2-eno   *cis*-but-2-eno

CAPÍTULO 18
REAÇÕES ORGÂNICAS

01. 2

A extração ácido-base é um importante processo de separação em Química Orgânica. A formação do sal e sua alta solubilidade aquosa possibilitam a extração de diversas classes de substâncias do meio orgânico. A tabela abaixo relaciona o sal formado e o reagente necessário para a reação de neutralização do ácido carboxílico, fenol e amina.

Função orgânica	Reage com	Produto orgânico formado	Observações
ácido carboxílico	Bases fracas ou fortes, por exemplo, $NaHCO_3(aq)$, $Na_2CO_3(aq)$ e NaOH	carboxilato	$K_a \approx 10^{-5}$ reação com carbonato e bicarbonato, há efervescência (CO_2)
fenol	Bases inorgânicas fortes, por exemplo, NaOH(aq)	fenolato	$K_a \approx 10^{-10}$
amina	ácidos inorgânicos fortes, por exemplo, HCℓ(aq)	sal de amina	$K_b \approx 10^{-5}$

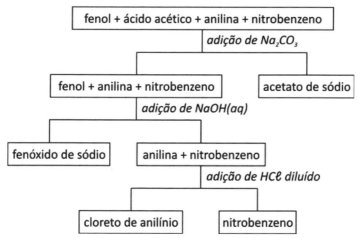

Na primeira etapa, faz-se a adição de uma base fraca, uma solução aquosa de carbonato de sódio. Desta forma ocorre a formação do sal do ácido acético, o acetato de sódio, altamente solúvel em água. Na segunda etapa, a adição da solução aquosa

140 TREINAMENTO EM QUÍMICA – **MONBUKAGAKUSHO**

de hidróxido de sódio promove a formação do fenóxido de sódio, que é extraído para a fase aquosa. Na última etapa, o ácido clorídrico aquoso reage com a amina (anilina) formando seu sal. A substância que não participa das reações ácido-base permanece na fase orgânica (fase etérea).

Constituição das frações:

Fase aquosa A: acetato de sódio   sal formado do ácido acético

Fase aquosa B: fenóxido de sódio   sal formado do fenol

Fase aquosa C: cloreto de anilínio   sal formado da anilina

Fase etérea D: nitrobenzeno

Assim:

A: ácido acético   B: fenol   C: anilina   D: nitrobenzeno

02.

(A)   2

A representação do aminoácido desconhecido é:

$$H_2N-\underset{R}{\overset{O}{\underset{|}{C}}}-\overset{O}{\underset{}{C}}-OH$$

Como o enunciado fornece a massa molecular do aminoácido, 75 u, o aminoácido é a glicina, em que o grupo substituinte R é o átomo de hidrogênio.

$$R-\underset{NH_2}{\overset{H}{\underset{|}{C}}}-\overset{O}{\underset{OH}{C}}$$

$$1 + 74 = 75$$

A estrutura do aminoácido fica $CH_2(NH_2)COOH$.

(B)   2

A equação geral de formação da proteína:

$$n\ NH_2CH_2COOH \rightarrow [-NHCH_2COO-]_n + (n-1)\ H_2O$$

Ao considerar n = 18, obtemos:

- massa total do aminoácido (m_{aa}) = 75 × 18 g
- massa total da proteína = massa de 1 mol da proteína (MM_{ptn})
- massa total de água $(m_{água})$ = 17 × 18 gramas

Pelo equilíbrio de massa tem-se que:

$$m_{aa} = MM_{ptn} + m_{água}$$

18 • REAÇÕES ORGÂNICAS   **141**

$$MMptn = 75 \times 18 \text{ g} - 17 \times 18 \text{ g} = 58 \times 18 \text{ g} = 1044 \text{ g}$$

Observação: O número de moléculas de água liberadas está associado ao número de ligações peptídicas presentes no peptídeo. Por exemplo, em um dipeptídeo há uma (2 – 1) ligação peptídica, portanto há liberação de apenas uma molécula de água; em um decapeptídeo existem nove (10 – 1) ligações peptídicas com liberação de nove moléculas de água; e assim por diante.

03.
(1)   7
Os isômeros constitucionais (estruturais ou planos) de fórmula molecular $C_4H_{10}O$ são álcoois e éteres de fórmula geral $C_nH_{2n+2}O$ e possuem as estruturas abaixo:
Álcoois:

(I)   **(II)**

(III)   **(IV)**

Éteres:

(V)   **(VI)**   **(VII)**

(2)   4
Os 4 álcoois (R – OH) acima são butan-1-ol **(I)**, butan-2-ol **(II)**, metlpropan-2-ol **(III)** e metilpropan-1-ol **(IV)**.
(3)   3
Os 3 éteres possíveis são dietil éter **(V)**, 1-metoxipropano **(VI)** e 2-metoxipropano **(VII)**.
(4)   1
O teste do iodofórmio é a reação do álcool com hipoiodito, formado *in situ* pela mistura de iodo (I_2) e hidróxido de sódio (NaOH). Os álcoois com grupos substituintes metil e hidrogênio ligados covalentemente ao átomo de carbono que suporta o grupo hidroxi reagem neste teste (veja estrutura a seguir). A ocorrência da reação (teste positivo) é verificada pela formação de um precipitado amarelo de iodofórmio (CHI_3).

```
    OH
    |
R—C—CH₃     estrutura do álcool que fornece
    |       teste de iodofórmio positivo
    H
```

Dos álcoois com quatro átomos de carbono, apenas o butan-2-ol (estrutura II) é ativo no teste do iodofórmio. As estruturas I e IV não têm o substituinte metila ligado ao carbono da hidroxila, enquanto que a estrutura III, por sua vez, não apresenta o átomo de hidrogênio. Assim, apenas um dos álcoois.

Observação (i): A identificação estrutural de álcoois pode ser também realizada pelo teste de Lucas, que envolve a reação do álcool com ácido clorídrico concentrado e cloreto de zinco. Neste teste, os terciários reagem imediatamente, os secundários após alguns minutos e os primários não reagem.

Observação (ii): A reação do iodofórmio também acontece para metil cetonas:

estrutura da cetona que fornece teste de iodofórmio positivo

(5)   1

Os álcoois possuem reações características com agentes oxidantes, tais como permanganato (MnO_4^-) e espécies contendo Cr^{6+} (dicromato e óxido de cromo VI). Nestas reações, os álcoois primários e secundários são oxidados, formando respectivamente aldeído–ácido carboxílico e cetonas, conforme abaixo:

```
    OH              O              O
    |               ||             ||
R—C—H   [O]→    R—C—H   [O]→   R—C—OH
    |
    H


    OH              O
    |               ||
R—C—R   [O]→    R—C—R
    |
    H


    OH
    |
R—C—R   [O]→   não reage
    |
    R
```

O único isômero que não é oxidado é o álcool terciário, metilpropan-2-ol (estrutura III).

04.
(1) d
A diferenciação entre álcool e éter pode ser realizada com sódio metálico, que reage com álcool produzindo gás hidrogênio e alcóxido de sódio pela equação:
$$R - OH + Na \rightarrow R - O^-Na^+ + \tfrac{1}{2} H_2$$
(2) g
A diferenciação entre aldeídos e cetonas pode ser realizada com o reagente de Fehling, no qual o aldeído é ativo. O reagente de Fehling contém o íon Cu^{2+} que sofre redução para formar o precipitado avermelhado de óxido de cobre I (Cu_2O). Este reagente é sensível frente a aldeídos que se oxidam com facilidade a ácidos carboxílicos. Outra finalidade deste reagente é a caracterização do açúcar redutor (aldeído ou α-metilcetonas).
$$R-CHO + 2\ Cu^{2+}(aq) + H_2O(\ell) \rightarrow R-COOH + Cu_2O(s) + 2\ H^+(aq)$$
Como o meio é alcalino, o ácido carboxílico produzido é transformado em carboxilato, $RCOO^-$.
(3) b
Os ácidos carboxílicos têm força ácida suficiente para protonar o bicarbonato (HCO_3^-) e formar o gás carbônico que é observado pela formação de efervescência.
$$R-COOH\ +\ HCO_3^-(aq) \rightarrow R-COO^-(aq) + H_2O(\ell) + CO_2(g)$$

05.
A principal reação com o anel aromático é a substituição eletrofílica aromática (SEAr) na qual um eletrófilo substitui o hidrogênio ligado diretamente ao benzeno.

Formação de **A** (a partir do benzeno)
Na primeira etapa, em meio ácido, o propeno é protonado com formação do íon carbônio (carbocátion). Esta espécie positiva irá atacar o anel aromático.

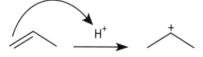

O íon positivo no átomo de carbono é formado no carbono secundário, pois a estabilização deste tipo de íon segue a ordem decrescente:

carbono terciário > carbono secundário > carbono primário

A segunda etapa tem o ataque eletrofílico do íon carbônio com formação do isopropilbenzeno (cumeno) e regeneração do íon H^+.

[Reaction scheme: benzene + isopropyl cation → cumene + H⁺]

Formação de **B** (a partir do cumeno)

Esta reação de oxidação do carbono benzílico é uma importante etapa industrial, com a formação do composto hidroperóxido como intermediário sintético. Provavelmente esta é a oxidação da cadeia lateral de anel aromático mais importante economicamente. O produto **B** pode ser chamado de hidroperóxido de cumeno.

[Reaction scheme: cumeno + O_2 → hidroperóxido de cumeno (OOH)]

Formação de **C** (a partir do hidroperóxido de cumeno)

Esta etapa com uso industrial consiste em um rearranjo do hidroperóxido com formação do fenol e acetona.

[Reaction scheme: hidroperóxido de cumeno + H_2SO_4 → fenol (OH) + acetona]

Formação de **F** (a partir do fenol)

A reação de halogenação, nesse caso, não necessita de catalisador, pois o grupo hidroxi (–OH) é um poderoso ativante das posições orto/para em anel aromático. Assim, as reações de SEAr em fenóis ocorrem muito rapidamente, com formação do produto tribromado orto e para.

[Reaction scheme: fenol (OH) + 3 Br_2 → 2,4,6-tribromofenol + 3 HBr]

18 • Reações Orgânicas   145

Formação de **D** (a partir do benzeno)
A reação de alquilação do benzeno é possível quando se usa um haleto de alquila na presença de um catalisador, o haleto de alumínio ou de ferro III. A equação global de alquilação fica:

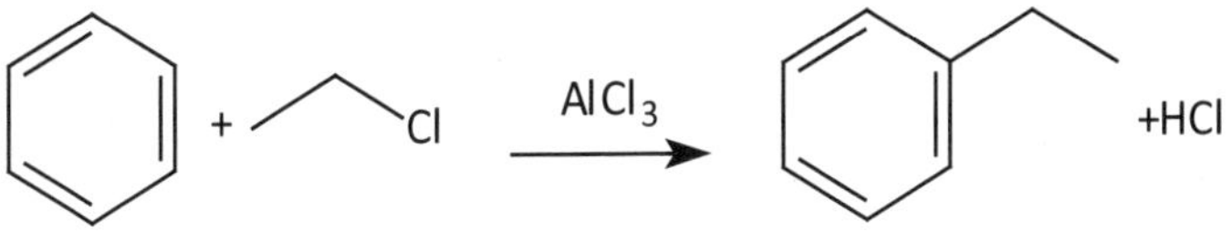

Formação de **E** (a partir do etilbenzeno)
A reação de desidrogenação (retirada de hidrogênio molecular) é possível sob aquecimento e catalisador adequados. A formação da ligação dupla, nesse caso, só é possível na posição em ressonância com o anel benzênico.

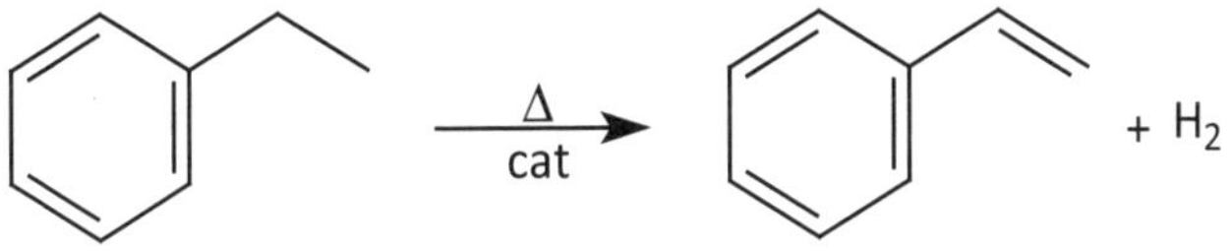

Formação de **G** (a partir do tolueno e de **E**)
Na esfera laboratorial, a oxidação da cadeia lateral do anel aromático é possível ao usar permanganato de potássio como agente oxidante obtendo como produto orgânico principal o ácido benzóico.

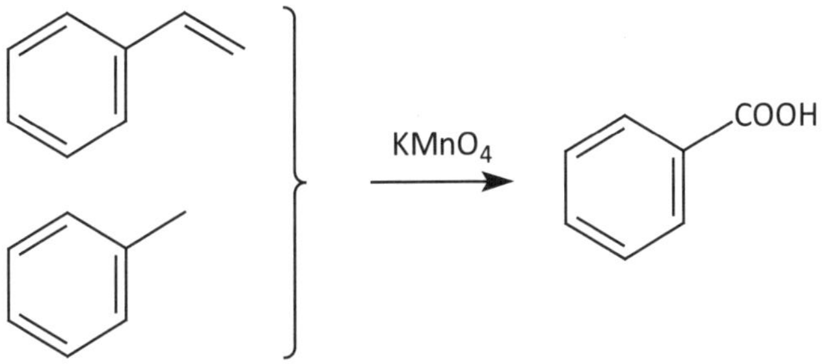

Formação de **H** (a partir do cloreto de benzila)
É uma reação de substituição nucleofílica bimolecular (SN2) realizada pelo eficiente nucleófilo hidróxido (OH^-).

Formação de I e G (por meio de H)

Pelo esquema apresentado percebe-se que a substância **H** (álcool primário) sofre oxidação com dicromato para formar **I** que, por sua vez, é oxidado com permanganato para formar o ácido benzóico (substância **G**). A oxidação do álcool a ácido pode ser realizada em uma única etapa com o uso de permanganato.

Os detalhes que são importantes perceber: primeiro deve-se lembrar dos principais agentes oxidantes que são as espécies contendo Mn^{7+} ou Cr^{6+} e segundo, o estágio de oxidação intermediário de **I** em relação a **H** (menos oxidado) e **G** (mais oxidado). Observe o esquema:

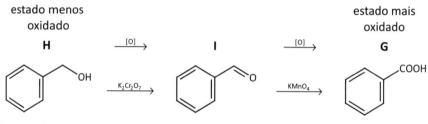

Quadro de respostas:

A	B	C	D	E	F	G	H	I
15	14	11	4	13	6	10	7	3

06. ④

A reação de polimerização que produz polietileno é:

$$n\,C_2H_4 \rightarrow (C_2H_4)_n$$

Para calcular n, o grau de polimerização, podemos escrever $n \times 28 = 1{,}50 \times 10^5$.
Resolvendo, obtemos $n = 5{,}36 \times 10^3$.

07. ③

Na reação de esterificação do ácido acético (CH_3COOH), faz-se a relação entre as massas moleculares do éster formado (um acetato) com a do álcool primário (RCH_2OH) usado como reagente na síntese. Pode-se equacionar a reação de esterificação como:

$$CH_3COOH + RCH_2OH \rightarrow CH_3COOCH_2R + H_2O$$

Consideremos:

$M_{álcool}$ = massa molecular do álcool primário
$M_{éster}$ = massa molecular do éster formado

$M_{éster} = 24 + 3 + 16 + M_{álcool} - 1$

$M_{éster} = M_{álcool} + 42$

Como $M_{éster} = 1{,}7 \times M_{álcool}$ obtém-se $M_{álcool} = 60$ u, o único álcool primário com fórmula molecular C_3H_8O é o propan-1-ol.

18 • REAÇÕES ORGÂNICAS

08.

(1)   Chamamos de **a** a massa de metanol, e de **2,16 − a** a massa de etanol, em gramas. Calcularemos os números de mols de O_2 necessários para cada queima separadamente.

$$CH_4O + 3/2\ O_2 \rightarrow CO_2 + 2\ H_2O$$

1 mol de CH_4O	−	3/2 mol de O_2
$\dfrac{a}{32}$	−	$\dfrac{3}{2} \times \dfrac{a}{32}$

$$C_2H_6O + 3\ O_2 \rightarrow 2\ CO_2 + 3\ H_2O$$

1 mol de C_2H_6O	−	3 mol de O_2
$\dfrac{2,16-a}{46}$	−	$3 \times \dfrac{2,16-a}{46}$

Assim, o total de mols de O_2 que participa da queima é:

$$\frac{3}{2} \times \frac{a}{32} + 3 \times \frac{2,16-a}{46} = \frac{4,32}{32}$$

Resolvendo esta equação, obtemos a = 0,32 g. Assim, o número de mols de etanol é:

$$\frac{2,16-0,32}{46}\,mol = 4,00 \times 10^{-2}\ mol$$

(2)   A porcentagem em massa de metanol (com dois significativos) é:

$$\frac{0,32}{2,16} \times 100\% = 14,81\% \approx 15\%$$

09.   A questão associa estrutura molecular [A], grupo funcional − função orgânica [B] e nomenclatura [C] de algumas substâncias orgânicas.

(1)   A associação correta fica:

[A]	[B]	[C]
① CH_3OH	(k) hidroxi	(f) metanol
② CH_3CHO	(g) aldeído	(a) acetaldeído
③ CH_3OCH_3	(f) éter	(g) dimetil éter
④ CH_3NO_2	(c) nitro	(c) nitrometano
⑤ CH_3Br	(l) halogênio	(j) bromometano
⑥ CH_3COOH	(b) carboxila	(h) ácido acético
⑦ CH_3NH_2	d) amino	(e) metilamina
⑧ CH_3COCH_3	(a) cetona	(k) acetona

CH$_3$COOCH$_3$	(e) éster	(b) acetato de metila
CH$_3$–C$_6$H$_4$–CH$_3$	aromático	(l) xileno
C$_6$H$_5$CH$_3$	aromático	(d) tolueno
CH$_3$CH$_2$OH	(k) hidroxila	(i) etanol

(2)   b
As substâncias denominadas por ① e ⑥ são respectivamente álcool e ácido carboxílico que, em presença catalítica de ácido, produzem o éster (b) e água conforme abaixo:

$$CH_3COOH + CH_3OH \rightleftarrows CH_3COOCH_3 + H_2O$$
$$\quad\quad ⑥ \quad\quad\quad ① \quad\quad\quad\quad (b)$$

(3)   h
O íon prata em meio amoniacal é um agente oxidante brando capaz de atuar sobre substâncias redutoras moderadas como os aldeídos. Um teste que evidencia tal reação é o teste do espelho de prata (teste de Tollens) que permite a diferenciação de açúcares redutores (como a glicose) de açúcares não redutores (como a sacarose) através da formação de uma fina camada de prata metálica sobre uma superfície de vidro.
A oxidação de aldeído produz ácido carboxílico, assim:

$$2\ OH^- + CH_3CHO + 2\ Ag^+ \rightarrow CH_3COOH + 2\ Ag(s) + H_2O$$
$$\quad\quad\quad\quad ② \quad\quad\quad\quad\quad\quad (h)$$

A imagem abaixo esclarece bem o espelho de prata: à esquerda, um teste positivo; à direita, um teste negativo.

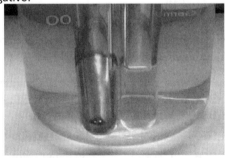

10.   Os óleos e gorduras são formados por uma mesma classe de substâncias químicas, os triglicerídeos ou triglicerídios, que são triésteres formados entre ácidos graxos e glicerina, conforme estrutura a seguir:

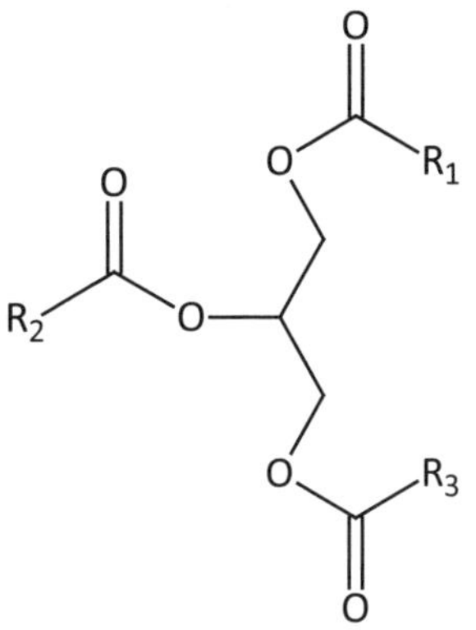

18 • REAÇÕES ORGÂNICAS

O tipo de cadeia do ácido graxo que compõe o triglicerídeo determina a classificação deste em saturado, insaturado, poliinsaturado, ômega-3 e ômega-6. O triglicerídeo saturado, em geral de origem animal, nas condições ambientes encontra-se no estado sólido, sendo classificado como gordura. Já o triglicerídeo insaturado, em geral de de origem vegetal, nas condições ambientes encontra-se no estado líquido, sendo classificado como óleo. Em resumo:

óleo	→	líquido	→	insaturado
gordura	→	sólido	→	saturado

O óleo comercializado é uma mistura complexa de tri, di e monoglicerídeos que possuem diferentes cadeias de ácido graxo (RCOOH) em sua estrutura. O ácido graxo é um ácido carboxílico de cadeia longa, contendo um número par de átomos de carbono e, quando insaturada, apresenta-se na forma cis.

Um tipo de gordura com grande potencial de dano à saúde é a chamada gordura trans, que é um tipo de triglicerídeo formado durante o processo de hidrogenação catalítica (H_2) através da isomerização da ligação dupla que, inicialmente em cis, é transformada em trans.

Questão 1. Complete o texto:

Óleos e gorduras são ésteres de ácidos graxos e [A]. As massas específicas dos óleos e gorduras são [B] que a da água, e óleos e gorduras são insolúveis em água mas solúveis em solventes orgânicos. Óleos e gorduras que são sólidos a temperatura ambiente são chamadas de [C], e óleos e gorduras que são líquidos a temperatura ambiente são chamados de [D].

(1)   [A]   glicerol (glicerina) (c)

(2)   [B]   menores (c)

(3)   [C]   gorduras (e)

(4)   [D]   óleos (a)

150 TREINAMENTO EM QUÍMICA – **MONBUKAGAKUSHO**

Questão 2. A reação de hidrólise alcalina (saponificação) de um triglicerídio ocorre através da equação geral abaixo:

triglicerídeo

carboxilato
(sabão)

glicerina
(glicerol)

(5)   Note que 3 mols de hidróxido de potássio são consumidos para cada mol de triglicerídeo. Os grupos R podem ser distintos entre si.

Na reação de 15 mL de solução 0,2 mol/L de KOH são envolvidos 3 mmol de KOH, o que, pela proporção estequiométrica, se refere a 1 mmol de triglicerídeo. Assim:

| 0,884 g de triglicerídeo | – | 1 mmol |
| $M_{triglicerídeo}$ | – | 1 mol |

$M_{triglicerídeo}$ = 884 g/mol, a massa molecular do triglicerídio é igual a 884 u.

(6)   Cálculo da massa molecular do ácido graxo referente ao triglicerídeo do item anterior.

x C_3H_5 2x

Assim tem-se que:

$3x + 41 = 884 \Rightarrow x = 281 \Rightarrow M_{ácido\ graxo} = 282$ g/mol

Se o triglicerídio for formado de um único ácido graxo, este teria cadeia monoinsaturada com 18 átomos de carbono, ou seja, teria a fórmula molecular $C_{18}H_{34}O_2$ ($C_nH_{2n-2}O_2$), pois:

$$C_nH_{2n-2}O_2 \Rightarrow 12n + 2n - 2 + 32 = 282 \Rightarrow n = 18$$

Lembre-se que o ácido graxo possui número par de átomos de carbono e quando apresenta cadeia insaturada, esta se apresenta como diastereoisômero cis. A massa molecular do ácido graxo é igual a 282 u. O mais importante dos ácidos graxos com estas características é o ácido oleico:

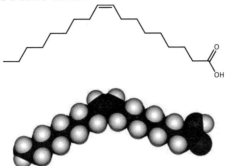

11.
(A) ①

3 aminoácido → tripeptídeo + 2 H₂O água

Chamando o aminoácido de aa e o tripeptídeo de trip, temos:
MM(trip) = 2,52 × MM(aa)
Da estequiometria da reação, vem:
3 × MM(aa) = MM(trip) + 2 × MM(água)
Substituindo-se:
3 × MM(aa) = 2,52 × MM(aa) + 2 × MM(água)
0,48 × MM(aa) = 2 × 18 ⇒ MM(aa) = 75 g·mol⁻¹
A massa molecular do aminoácido é igual a 75 u. O aminoácido em questão é a glicina, em que o grupo substituinte R é o átomo de hidrogênio.
(B) ②
O número de tripeptídeos possíveis de serem formados a partir de 3 aminoácidos distintos depende das possibilidades de encadeamento.
Não se esqueça que na cadeia linear de um peptídeo as extremidades não são idênticas, pois em uma tem-se o grupo amino (N terminal) e em outra o grupo carboxila (C terminal).
Considere os aminoácidos 1, 2 e 3 distintos entre si e representados por AA_1, AA_2 e AA_3, respectivamente. Observe o quadro esquemático a seguir:

152 TREINAMENTO EM QUÍMICA – **MONBUKAGAKUSHO**

tripeptídeo		
N terminal	**cadeia**	**C terminal**
H_2N-	$AA_1 - AA_2 - AA_3$	$-COOH$
	$AA_1 - AA_3 - AA_2$	
	$AA_2 - AA_1 - AA_3$	
	$AA_2 - AA_3 - AA_1$	
	$AA_3 - AA_1 - AA_2$	
	$AA_3 - AA_2 - AA_1$	

Matematicamente tem-se a permutação de 3, ou seja, 3! hipóteses. São possíveis 6 tripeptídeos diferentes.

12.
(1)   Todas as reações que envolvem o etino são de adição, assim a formação de **A** (cloroeteno), **B** (etileno), **C** (1,2-dibromoeteno), **D** (benzeno), **E** (prop-2-enonitrila), **F** (etanoato de vinila), e **G** (etenol) exemplificam este tipo de reação.
A reação de formação de **J** é uma polimerização por adição (presente em várias edições do Monbusho) em que se obtém o polietileno (abaixo).

$$HC\equiv CH \xrightarrow[\text{cat.}]{H_2} \underset{(12)\text{-B}}{H_2C=CH_2} \xrightarrow{\text{polimerização}} \underset{(5)\text{-J}}{\left[CH_2-CH_2\right]_n}$$

$$HC\equiv CH \xrightarrow{HCl} \underset{(19)\text{-A}}{H_2C=\overset{\overset{\displaystyle Cl}{|}}{C}H}$$

 O produto **A** (acima) é o monômero de partida para obtenção de um importante polímero, o cloreto de polivinila ou PVC, usado em tubos para encanamento, como isolante térmico e em pisos plásticos.
A estrutura **G**, um enol, não é isolado, pois sofre uma rápida migração do próton do átomo de oxigênio para o de carbono, ou seja, sofre tautomerização para formar o aldeído **H** que por subsequente oxidação produz o ácido carboxílico **I** (abaixo).

$$HC\equiv CH \xrightarrow[\text{HgSO}_4]{H_2O} \underset{(11)\text{-G}}{\left[H_2C=\overset{\overset{\displaystyle OH}{|}}{C}H\right]} \xrightarrow{\text{tautomerização}} \underset{(6)\text{-H}}{H_3C-CHO} \xrightarrow{K_2Cr_2O_7} \underset{(7)\text{-I}}{H_3C-COOH}$$

18 • REAÇÕES ORGÂNICAS   **153**

O acetileno reage com dois diferentes ácidos, acético e cianídrico, para produzir, respectivamente, o éster **F** e a nitrila **E** (abaixo).

$$HC\equiv CH \xrightarrow{CH_3COOH} H_2C=CH-O-\overset{O}{\underset{||}{C}}-CH_3$$

(20)-F

$$HC\equiv CH \xrightarrow{HCN} H_2C=\overset{CN}{\underset{|}{C}H}$$

(13)-E

$$3\ HC\equiv CH \xrightarrow{trimerização} \bigcirc$$

(17)-D

$$HC\equiv CH \xrightarrow{Br_2} BrHC=CHBr$$

(4)-C

Finalmente a formação do anel benzênico, **D**, é possível quando o etino é submetido a pressão, temperatura e catalisador adequados (acima) e o produto dibromado vicinal, **C**, é gerado quando da adição de bromo ao alcino em proporção equimolecular.

Esta questão mostra a versatilidade da Química Orgânica quando se mostra a síntese de estruturas tão diferentes a partir de um único substrato orgânico. Neste caso, tem-se a formação de um polímero (**J**), um composto aromático (**D**), um ácido carboxílico (**I**), um aldeído (**H**), uma nitrila (**E**), de monômeros de importância industrial (**A, B, E** e **F**), um éster (**F**) e derivados halogenados (**C** e **A**).

Assim, a resposta da questão (1) é:

A-19   B-12   C-4   D-17   E-13   F-20   G-11   H-6   I-7   J-5

(2)   O teste do espelho de prata (teste de Tollens) fornece o positivo na presença de substratos com carbonila aldeídica, no caso as estruturas (13) e (18), respectivamente acetaldeído e formaldeído. O aldeído é um grupo redutor capaz de formar prata metálica a partir de uma solução contendo íons prata em meio amoniacal (reativo de Tollens). A semi-reação de oxidação do aldeído é dada por:

$$R-CHO + 2\ OH^- \rightarrow R-COOH + 2\ e^- + H_2O$$

Observe a imagem para dois testes de Tollens, um positivo e um negativo:

positivo   negativo

(3)   (1)

A reação de alcinos verdadeiros ou terminais (R – C ≡ CH) com solução amoniacal de íons prata é um teste qualitativo clássico para tal classe de compostos. A formação de cristais brancos de alcineto de prata é a base do teste. Assim, o acetileno forma, na presença de íons prata, o acetileto de prata, Ag_2C_2, precipitado cristalino e branco. Em geral os alcinetos de prata são explosivos.

(4)   (3)

O acetileto de cobre (I) é um precipitado de cor vermelho-acastanhado mais explosivo que o análogo de prata. Alguns compostos cuprosos, como iodeto e óxido, apresentam cor acastanhada.

13. ④

Os glicídios apresentados podem ser classificados conforme abaixo:

① glicose   monossacarídeo   aldo-hexose

② frutose   monossacarídeo   ceto-hexose

③ galactose   monossacarídeo   aldo-hexose

④ sacarose   dissacarídeo   (frutose + glicose)

⑤ maltose   dissacarídeo   (glicose + glicose)

De forma mais simplificada, os monossacarídeos podem ter as estruturas representadas na forma de cadeias abertas (como ①, ② e ③ a seguir), mas a maior estabilidade é alcançada quando são formadas cadeias fechadas de cinco ou seis membros chamadas de furanoses ou piranoses, respectivamente.

Os dissacarídeos são representados sempre com as estruturas cíclicas (como ④ e ⑤ a seguir).

18 • Reações Orgânicas

No tocante aos testes para identificação de açúcares redutores, todos os monossacarídeos são redutores pois apresentam-se como aldeídos ou α-hidroxicetonas, já os outros sacarídeos serão redutores se possuírem em sua estrutura o hemicetal ou hemiacetal.

OR R—C—H **OH**	OR R—C—R **OH**	OR R—C—H **OR**
hemiacetal (álcool)	hemicetal (álcool)	acetal (éter)
redutores		**não redutor**

Os sacarídeos que sofrem mutarrotação em solução aquosa, ou seja modificação no desvio na luz polarizada, são açúcares redutores.

Os testes para açúcar redutor são resumidos no quadro a seguir:

Teste de	Solução reagente	Teste positivo	Substratos positivos
Tollens	íon prata (Ag^+)	Formação do espelho de prata (Ag^0)	• aldeídos ou alfa-hidroxicetonas (todos monossacarídeos)
Fehling	íon cobre II (Cu^{2+})	Formação de precipitado vermelho (Cu_2O)	• carboidratos com hemicetal ou hemiacetal.
Benedict	íon cobre II (Cu^{2+})	Formação de precipitado vermelho (Cu_2O)	

14. ⑤

A fórmula molecular $C_4H_{10}O$ se enquadra na fórmula geral $C_nH_{2n+2}O$, que caracteriza éteres e álcoois saturados de cadeia aberta.

Sobre as características reacionais:

• A reação com sódio metálico e geração de gás hidrogênio (H_2) é característica de estruturas com átomo de hidrogênio mais ácido, como nos álcoois. Desta forma tanto **A** quanto **B** são álcoois.

• A reação de oxidação com dicromato de potássio ($K_2Cr_2O_7$) e outras espécies contendo Cr (VI) são peculiares de álcoois primários e secundários. Assim, o composto **A** deve ser um álcool primário ou secundário, enquanto **B** deve ser um álcool terciário.

As alternativas fornecidas em fórmula de bastão são:

	A	B
①		
②		
③		
④		

18 • REAÇÕES ORGÂNICAS

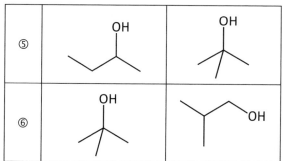

A associação entre as características estruturais e as possibilidades leva à alternativa correta, o item ⑤, assim:

Estrutura química de A	Estrutura química de B
Fórmula molecular $C_4H_{10}O$	Fórmula molecular $C_4H_{10}O$
Álcool primário ou secundário (no caso, secundário)	Álcool terciário
Com centro estereogênico (carbono quiral)	
OH (sec-butanol)	OH (tert-butanol)

As equações reacionais de **A** e **B** com sódio metálico e dicromato estão representadas abaixo:

$$\text{CH}_3\text{CH}_2\text{CH(OH)CH}_3 + Na \longrightarrow \text{CH}_3\text{CH}_2\text{CH(O}^-\text{)CH}_3 + Na^+ + \tfrac{1}{2} H_2$$

$$(\text{CH}_3)_3\text{COH} + Na \longrightarrow (\text{CH}_3)_3\text{CO}^- + Na^+ + \tfrac{1}{2} H_2$$

$$\text{CH}_3\text{CH}_2\text{CH(OH)CH}_3 \xrightarrow{[O]} \text{CH}_3\text{CH}_2\text{C(O)CH}_3$$

$$\text{(CH}_3)_3\text{C–OH} \xrightarrow{\text{[O]}} \text{não há reação}$$

15. A principal reação envolvendo o anel aromático é a substituição eletrofílica aromática (SEAr) que ocorre na formação dos compostos **A**, **F**, **G** e **H** (observe as equações a seguir). Tal substituição é favorecida cineticamente por grupos substituintes que compartilham seus elétrons "n" (não-ligantes) com o anel aromático, como os substituintes hidroxi, $-OH$, e amino, $-NH_2$. Duas reações apresentadas chamam a atenção para a presença de grupos substituintes fortemente ativantes (que aceleram a reação de SEAr). São elas: a formação de **F**, em que a reação de bromação ocorre sem a necessidade de catalisador, e a formação de **H**, em que o anel é atacado por um eletrófilo muito fraco, o gás carbônico. Nos dois casos, a presença do substituinte hidróxi, $-OH$, é fundamental para o sucesso da reação eletrofílica.

SO_3H benzeno (A-11) $\xrightarrow{\text{NaOH}}$ SO_3Na benzeno (C-16)		SO_3H benzeno (A-11) $\xrightarrow[\text{alcalina}]{\text{NaOH}\atop\text{fusão}}$ ONa benzeno (D-8)	
ONa benzeno (D-8) $\xrightarrow{H^+}$ OH benzeno (E-3)		OH benzeno (E-3) $\xrightarrow[\text{excesso}]{Br_2}$ 2,4,6-tribromofenol (F-12)	
OH benzeno (E-3) $\xrightarrow[H_2SO_4]{HNO_3}$ 2,4,6-trinitrofenol (G-17)		ONa benzeno (D-8) $\xrightarrow[2)\ H^+]{1)\ CO_2}$ ácido salicílico (H-15)	
OH, $COOH$ (H-15) $\xrightarrow[\text{conc.}]{CH_3OH \atop H_2SO_4}$ $COOCH_3$, OH (I-19)			

18 • REAÇÕES ORGÂNICAS

A	B	C	D	E	F	G	H	I
11	1	16	8	3	12	17	15	19

16.

(1)   3, 6

O fenol possui constante de acidez (Ka) no valor de $1,1 \times 10^{-10}$. Desta forma, possui características ácidas em soluções aquosas, com reação de neutralização peculiar junto as bases da família dos alcalinos (grupo 1), conforme equação:

$$C_6H_5 - OH \text{ (aq)} + NaOH(aq) \rightarrow C_6H_5 - ONa(aq) + H_2O(\ell)$$

fenol   fenóxido

Nas reações de neutralização dos fenóis, os fenóxidos formados são substâncias iônicas, assim possuem maior solubilidade aquosa que os respectivos fenóis de origem. Porém o fenol já apresenta uma boa solubilidade aquosa a 25 °C: 9,3 g em 100 g de água.

O fenol dá cor violeta com solução diluída de cloreto férrico ($FeC\ell_3$). Todos os compostos com grupos fenólicos dão coloração característica com este reativo.

(2)   1

O etanol é completamente miscível em água e, pelo valor de pKa, o etanol é menos ácido que a água:

$$CH_3CH_2OH \rightarrow CH_3CH_2O^- + H^+ \quad pKa = 16$$

$$HOH \rightarrow HO^- + H^+ \quad pka = 15,7$$

O álcool se enquadra como um ácido de Brönsted-Lowry pois é capaz de doar o íon hidrogênio do grupo hidroxila. Como a água é um ácido mais forte, o álcool não é capaz de doar prótons em meio aquoso. Portanto uma solução aquosa de etanol possui pH neutro.

OBS: O álcool é uma classe de substâncias anfóteras, pois o átomo de oxigênio por possuir elétrons não-ligantes permite características básicas às substâncias pertencentes a esta função. Como o caráter ácido é mais evidente excluiremos o item 4). Já em relação aos itens 1) e 3), o caráter neutro ou ácido se referem ao etanol em meio aquoso? Se sim, a alternativa 1) está correta; se não, a alternativa 3) seria a melhor resposta. Como no contexto da questão não há uma associação inequívoca entre a acidez do álcool em sua solução aquosa, poderíamos considerar correta a alternativa 3). Porém, vamos optar pelo gabarito mais simples, 1), pois o álcool em solução aquosa apresenta comportamento neutro.

(3)   1

Conforme equacionado na resolução do item (1), a reação de neutralização dos fenóis por bases do grupo 1 em solução aquosa produzem fenóxidos (substâncias iônicas) altamente solúveis em água.

$$\text{fenóis (Ar – OH)} + \text{hidróxidos (OH}^-) \rightarrow \text{fenóxidos (Ar – O}^-) + \text{água (H}_2O)$$

160 TREINAMENTO EM QUÍMICA – **MONBUKAGAKUSHO**

17. A equação da reação mostra de maneira muito simples a resposta:

A proporção reacional é 1 mol : 1 mol : 1 mol. Logo 1 mol de Br_2 reage com 1 mol de propeno.

18. ⑤

A fórmula geral do ácido oléico, $C_{18}H_{34}O_2$, se enquadra na fórmula geral $C_nH_{2n-2}O_2$, possui uma insaturação etênica (C = C).

Como há uma única insaturação, a reação de adição de hidrogênio (hidrogenação catalítica) ocorre na proporção de 1:1 em número de mols. Assim, 0,1 mol de ácido oléico consome 0,1 mol de hidrogênio, que nas CNTP equivale a 2,24 L.

Cuidado com a pegadinha! Ou seria pegadona? A questão se refere a uma gordura, ou seja, um triglicerídeo! Assim, três componentes de ácido oléico por molécula da gordura!

Resposta correta: 3 × 2,24 L = 6,72 L.

Que tal um pouco mais de Orgânica? O ácido oléico é um ácido graxo (cadeia longa com número par de átomos de carbono) com dezoito (18) átomos de carbono e uma insaturação (no átomo de carbono nove). Como os ácidos graxos C_{18} são muito importantes e populares, iremos caracterizá-los no quadro a seguir.

ácido graxo	átomos de C	posição de C = C	n(H_2) consumido	fórmula
ácido esteárico	18	–	–	$C_{18}H_{36}O_2$
ácido oléico	18	9	1	$C_{18}H_{34}O_2$
ácido linoléico	18	9 e 12	2	$C_{18}H_{32}O_2$
ácido linolênico	18	9, 12 e 15	3	$C_{18}H_{30}O_2$

A hidrogenação de todos os ácidos graxos C_{18} insaturados produz o ácido esteárico.

19. ③

O polímero apresentado é uma poliamida, resultado da reação de um ácido dicarboxílico com seis átomos de carbono e uma diamina também com seis átomos de carbono.

18 • Reações Orgânicas

A equação química é representada por:

$$- (n-1) \ H_2O$$

Em fórmula estrutural condensada fica:

$$- (n-1) \ H_2O$$

Sintetizada em 1935, o náilon foi a primeira fibra têxtil sintética comercializada, a partir de 1938. O primeiro produto contendo náilon foi uma escova de dentes com cerdas da náilon. As meias femininas de náilon começaram a ser comercializadas em 1940. É muito resistente, e é o principal representante das poliamidas.

S I
Tradução da publicação do BIPM
Resumo do Sistema Internacional de Unidades - SI

A metrologia é a ciência da medição, abrangendo todas as medições realizadas num nível conhecido de incerteza, em qualquer domínio da atividade humana.

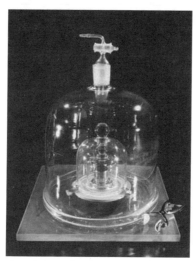

O protótipo internacional do quilograma, K, o único padrão materializado, ainda em uso, para definir uma unidade de base do SI.

O Bureau Internacional de Pesos e Medidas, o BIPM, foi criado pelo artigo 1º da Convenção do Metro, no dia 20 de maio de 1875, com a responsabilidade de estabelecer os fundamentos de um sistema de medições, único e coerente, com abrangência mundial. O sistema métrico decimal, que teve origem na época da Revolução Francesa, tinha por base o metro e o quilograma. Pelos termos da Convenção do Metro, assinada em 1875, os novos protótipos internacionais do metro e do quilograma foram fabricados e formalmente adotados pela primeira Conferência Geral de Pesos e Medidas (CGPM), em 1889. Este sistema evoluiu ao longo do tempo e inclui, atualmente, sete unidades de base. Em 1960, a 11ª CGPM decidiu que este sistema deveria ser chamado de Sistema Internacional de Unidades, SI (*Système international d'unités, SI*). O SI não é estático, mas evolui de modo a acompanhar as crescentes exigências mundiais demandadas pelas medições, em todos os níveis de precisão, em todos os campos da ciência, da tecnologia e das atividades humanas. Este documento é um resumo da publicação do SI, uma publicação oficial do BIPM que é uma declaração do status corrente do SI.

164 TREINAMENTO EM QUÍMICA – **MONBUKAGAKUSHO**

As sete **unidades de base** do SI, listadas na tabela 1, fornecem as referências que permitem definir todas as unidades de medida do Sistema Internacional. Com o progresso da ciência e com o aprimoramento dos métodos de medição, torna-se necessário revisar e aprimorar periodicamente as suas definições. Quanto mais exatas forem as medições, maior deve ser o cuidado para a realização das unidades de medida.

Tabela 1 – *As sete unidades de base do SI*

Grandeza	Unidade, símbolo: definição da unidade
comprimento	**metro, m:** O metro é o comprimento do trajeto percorrido pela luz no vácuo durante um intervalo de tempo de 1/299 792 458 do segundo. *Assim, a velocidade da luz no vácuo, c_o, é exatamente igual a 299 792 458 m/s.*
massa	**quilograma, kg:** O quilograma é a unidade de massa, igual à massa do protótipointernacional do quilograma. *Assim, a massa do protótipo internacional do quilograma, m(K), é exatamente igual a 1 kg.*
tempo	**segundo, s:** O segundo é a duração de 9 192 631 770 períodos da radiação correspondente à transição entre os dois níveis hiperfinos do estado fundamental do átomo de césio 133. *Assim, a frequência da transição hiperfina do estado fundamental do átomo de césio 133,* v(hfs Cs), *é exatamente igual a 9 192 631 770 Hz.*
corrente elétrica	**ampere, A:** O ampere é a intensidade de uma corrente elétrica constante que, mantida em dois condutores paralelos, retilíneos, de comprimento infinito, de seção circular desprezível, e situados à distância de 1 metro entre si, no vácuo, produziria entre estes condutores uma força igual a 2×10^{-7} newton por metro de comprimento. *Assim, a constante magnética, μ_o, também conhecida como permeabilidade do vácuo, é exatamente igual a $4\pi \times 10^{-7}$ H/m.*
temperatura termodinâmica	**kelvin, K:** O kelvin, unidade de temperatura termodinâmica, é a fração 1/273,16 da temperatura termodinâmica no ponto tríplice da água. *Assim, a temperatura do ponto tríplice da água, T_{pta}, é exatamente igual a 273,16 K.*
quantidade de substância	**mol, mol:** 1. O mol é a quantidade de substância de um sistema contendo tantas entidades elementares quantos átomos existem em 0,012 quilograma de carbono 12. 2. Quando se utiliza o mol, as entidades elementares devem ser especificadas, podendo ser átomos, moléculas, íons, elétrons, assim como outras partículas, ou agrupamentos especificados dessas partículas. *Assim, a massa molar do carbono 12, $M(^{12}C)$, é exatamente igual a 12 g/mol.*

intensidade luminosa	**candela, cd:** A candela é a intensidade luminosa, numa dada direção, de uma fonte que emite uma radiação monocromática de frequência 540 × 10^{12} hertz e cuja intensidade energética nessa direção é 1/683 watt por esterradiano. *Assim, a eficácia luminosa espectral, K, da radiação monocromática de frequência 540 × 10^{12} Hz é exatamente igual a 683 lm/W.*

As sete **grandezas de base**, que correspondem às sete **unidades de base**, são: comprimento, massa, tempo, corrente elétrica, temperatura termodinâmica, quantidade de substância e intensidade luminosa. As **grandezas de base** e as **unidades de base** se encontram listadas, juntamente com seus símbolos, na tabela 2.

Tabela 2 – *Grandezas de base e unidades de base do SI*

Grandeza de base	Símbolo	Unidade de base	Símbolo
comprimento	*l, h, r, x*	metro	m
massa	*m*	quilograma	kg
tempo, duração	*t*	segundo	s
corrente elétrica	*l, i*	ampere	A
temperatura termodinâmica	*T*	kelvin	K
quantidade de substância	*n*	mol	mol
intensidade luminosa	I_v	candela	cd

[1] Nota dos tradutores sobre **ampere**.

Todas as outras grandezas são descritas como **grandezas derivadas** e são medidas utilizando **unidades derivadas**, que são definidas como produtos de potências de **unidades de base**. Exemplos de **grandezas derivadas** e de **unidades derivadas** estão listadas na tabela 3.

Tabela 3 - *Exemplos de grandezas derivadas e de suas unidades*

Grandeza derivada	Símbolo	Unidade derivada	Símbolo
área	*A*	metro quadrado	m^2
volume	*V*	metro cúbico	m^3
velocidade	*v*	metro por segundo	m/s
aceleração	*a*	metro por segundo ao quadrado	m/s^2
número de ondas	*σ*	inverso do metro	m^{-1}

---

1 A palavra **ampere** era grafada antigamente com o acento grave no primeiro e – ampère. Modernamente essa prática foi abandonada conforme explica Antonio Houaiss em seu Dicionário. (HOUAISS, Antônio; VILLAR, Mauro de Salles. *Dicionário Houaiss da Língua Portuguesa*. 1. ed. Rio de Janeiro: Editora Objetiva Ltda. 2001, p. 196)

massa específica	ρ	quilograma por metro cúbico	kg/m^3
densidade superficial	ρ_A	quilograma por metro quadrado	kg/m^2
volume específico	v	metro cúbico por quilograma	m^3/kg
densidade de corrente	j	ampere por metro quadrado	A/m^2
campo magnético	H	ampere por metro	A/m
concentração	c	mol por metro cúbico	mol/m^3
concentração de massa	v, γ	quilograma por metro cúbico	kg/m^3
luminância	L_v	candela por metro quadrado	cd/m^2
índice de refração	η	um	1
permeabilidade relativa	μ_r	um	1

Note que o índice de refração e a permeabilidade relativa são exemplos de grandezas adimensionais, para as quais a unidade do SI é o número um (1), embora esta unidade não seja escrita.

Algumas **unidades derivadas** recebem **nome especial**, sendo este simplesmente uma forma compacta de expressão de combinações de **unidades de base** que são usadas frequentemente. Então, por exemplo, o joule, símbolo J, é por definição, igual a m^2 kg s^{-2}. Existem atualmente 22 nomes especiais para unidades aprovados para uso no SI, que estão listados na tabela 4.

Tabela 4 – *Unidades derivadas com nomes especiais no SI*

Grandeza derivada	Nome da unidade derivada	Símbolo da unidade	Expressão em termos de outras unidades
angulo plano	radiano	rad	$m/m = 1$
angulo sólido	esterradiano	sr	$m^2/m^2 = 1$
frequência	hertz	Hz	s^{-1}
força	newton	N	m kg s^{-2}
pressão, tensão	pascal	Pa	$N/m^2 = m^{-1}$ kg s^{-2}
energia, trabalho, quantidade de calor	joule	J	N m = m^2 kg s^{-2}
potência, fluxo de energia	watt	W	$J/s = m^2$ kg s^{-3}
carga elétrica, quantidade de eletricidade	coulomb	C	s A
diferença de potencial elétrico	volt	V	$W/A = m^2$ kg s^{-3} A^{-1}
capacitância	farad	F	$C/V = m^{-2}$ kg^{-1} s^4 A^2
resistência elétrica	ohm	Ω	$V/A = m^2$ kg s^{-3} A^{-2}
condutância elétrica	siemens	S	$A/V = m^{-2}$ kg^{-1} s^3 A^2

APÊNDICE SI

fluxo de indução magnética	weber	Wb	$V\,s = m^2\,kg\,s^{-2}\,A^{-1}$
indução magnética	tesla	T	$Wb/m^2 = kg\,s^{-2}\,A^{-1}$
indutância	henry	H	$Wb/A = m^2\,kg\,s^{-2}\,A^{-2}$
temperatura Celsius	grau Celsius	°C	K
fluxo luminoso	lumen	lm	cd sr = cd
iluminância	lux	lx	$lm/m^2 = m^{-2}\,cd$
atividade de um radionuclídio	becquerel	Bq	s^{-1}
dose absorvida, energia específica (comunicada), kerma	gray	Gy	$J/kg = m^2\,s^{-2}$
equivalente de dose, equivalente de dose ambiente	sievert	Sv	$J/kg = m^2\,s^{-2}$
atividade catalítica	katal	kat	$s^{-1}\,mol$

Embora o hertz e o becquerel sejam iguais ao inverso do segundo, o hertz é usado somente para fenômenos cíclicos, e o becquerel, para processos estocásticos no decaimento radioativo.

A unidade de temperatura Celsius é o grau Celsius, °C, que é igual em magnitude ao kelvin, K, a unidade de temperatura termodinâmica. A grandeza temperatura Celsius t é relacionada com a temperatura termodinâmica T pela equação $t/°C = T/K - 273,15$.

O sievert também é usado para as grandezas: equivalente de dose direcional e equivalente de dose individual.

Os quatro últimos nomes especiais das unidades da tabela 4 foram adotados especificamente para resguardar medições relacionadas à saúde humana.

Para cada grandeza, existe somente uma unidade SI (embora possa ser expressa frequentemente de diferentes modos, pelo uso de nomes especiais). Contudo, a mesma unidade SI pode ser usada para expressar os valores de diversas grandezas diferentes (por exemplo, a unidade SI para a relação J/K pode ser usada para expressar tanto o valor da capacidade calorífica como da entropia). Portanto, é importante não usar a unidade sozinha para especificar a grandeza. Isto se aplica tanto aos textos científicos como aos instrumentos de medição (isto é, a leitura de saída de um instrumento deve indicar a grandeza medida e a unidade).

As grandezas adimensionais, também chamadas de grandezas de dimensão um, são usualmente definidas como a razão entre duas grandezas de mesma natureza (por exemplo, o índice de refração é a razão entre duas velocidades, e a permeabilidade

168   TREINAMENTO EM QUÍMICA – **MONBUKAGAKUSHO**

relativa é a razão entre a permeabilidade de um meio dielétrico e a do vácuo). Então a unidade de uma grandeza adimensional é a razão entre duas unidades idênticas do SI, portanto é sempre igual a um (1). Contudo, ao se expressar os valores de grandezas adimensionais, a unidade um (1) não é escrita.

Múltiplos e submúltiplos das unidades do SI

Um conjunto de prefixos foi adotado para uso com as unidades do SI, a fim de exprimir os valores de grandezas que são muito maiores ou muito menores do que a unidade SI usada sem um prefixo. Os prefixos SI estão listados na tabela 5. Eles podem ser usados com qualquer unidade de base e com as unidades derivadas com nomes especiais.

Tabela 5 – *Prefixos SI*

Fator	Nome	Símbolo	Fator	Nome	Símbolo
10^1	deca	da	10^{-1}	deci	d
10^2	hecto	h	10^{-2}	centi	c
10^3	quilo	k	10^{-3}	mili	m
10^6	mega	M	10^{-6}	micro	μ
10^9	giga	G	10^{-9}	nano	n
10^{12}	tera	T	10^{-12}	pico	p
10^{15}	peta	P	10^{-15}	femto	f
10^{18}	exa	E	10^{-18}	atto	a
10^{21}	zetta	Z	10^{-21}	zepto	z
10^{24}	yotta	Y	10^{-24}	yocto	y

Quando os prefixos são usados, o nome do prefixo e o da unidade são combinados para formar uma palavra única e, similarmente, o símbolo do prefixo e o símbolo da unidade são escritos sem espaços, para formar um símbolo único que pode ser elevado a qualquer potência. Por exemplo, pode-se escrever: quilômetro, km; microvolt, mV; femtosegundo, fs; $50 \text{ V/cm} = 50 \text{ V}(10^{-2} \text{ m})^{-1} = 5000 \text{ V/m}$.

Quando as **unidades de base** e as **unidades derivadas** são usadas sem qualquer prefixo, o conjunto de unidades resultante é considerado **coerente**. O uso de um conjunto de unidades coerentes tem vantagens técnicas (veja a publicação completa do SI). Contudo, o uso dos prefixos é conveniente porque ele evita a necessidade de empregar fatores de 10^n, para exprimir os valores de grandezas muito grandes ou muito pequenas. Por exemplo, o comprimento de uma ligação química é mais convenientemente expresso em nanometros, nm, do que em metros, m, e a distância entre Londres e Paris é mais convenientemente expressa em quilômetros, km, do que em metros, m.

APÊNDICE SI

169

O quilograma, kg, é uma exceção, porque embora ele seja uma **unidade de base** o nome já inclui um prefixo, por razões históricas. Os múltiplos e os submúltiplos do quilograma são escritos combinando-se os prefixos com o grama: logo, escreve-se miligrama, mg, e **não** microquilograma, µkg.

Unidades fora do SI

O SI é o único sistema de unidades que é reconhecido universalmente, de modo que ele tem uma vantagem distinta quando se estabelece um diálogo internacional. Outras unidades, isto é, unidades não-SI, são geralmente definidas em termos de unidades SI. O uso do SI também simplifica o ensino da ciência. Por todas essas razões o emprego das unidades SI é recomendado em todos os campos da ciência e da tecnologia.

Embora algumas unidades não-SI sejam ainda amplamente usadas, outras, a exemplo do minuto, da hora e do dia, como unidades de tempo, serão sempre usadas porque elas estão arraigadas profundamente na nossa cultura. Outras são usadas por razões históricas, para atender às necessidades de grupos com interesses especiais, ou porque não existe alternativa SI conveniente. Os cientistas devem ter a liberdade para utilizar unidades não-SI se eles as considerarem mais adequadas ao seu propósito. Contudo, quando unidades não-SI são utilizadas, o fator de conversão para o SI deve ser sempre incluído. Algumas unidades não-SI estão listadas na tabela 6 abaixo, como seu fator de conversão para o SI. Para uma listagem mais ampla, veja a publicação completa do SI, ou o *website* do BIPM.

Tabela 6 – *Algumas unidades não-SI*

Grandeza	Unidade	Símbolo	Relação com o SI
	minuto	min	1 min = 60 s
tempo	hora	h	1 h = 3600 s
	dia	d	1 d = 86400 s
volume	litro	L ou ℓ	$1 L = 1 dm^3$
massa	tonelada	t	1 t = 1000 kg
energia	elétronvolt	eV	$1 eV \approx 1,602 \times 10^{-19} J$
pressão	bar	bar	1 bar = 100 kPa
	milímetro de mercúrio	mmHg	$1 mmHg \approx 133,3 Pa$
comprimento	angstrom	Å	$1 Å = 10^{-10} m$
	milha náutica	M	1 M = 1852 m
força	dina	dyn	$1 dyn = 10^{-5} N$
energia	erg	erg	$1 erg = 10^{-7} J$

170   Treinamento em Química – **Monbukagakusho**

² Nota dos tradutores sobre **angstrom**.

Os símbolos das unidades começam com letra maiúscula quando se trata de nome próprio (por exemplo, ampere, A; kelvin, K; hertz, Hz; coulomb, C). Nos outros casos eles sempre começam com letra minúscula (por exemplo, metro, m; segundo, s; mol, mol). O símbolo do litro é uma exceção: pode-se usar uma letra minúscula ou uma letra maiúscula, L. Neste caso a letra maiúscula é usada para evitar confusão entre a letra minúscula l e o número um (1). O símbolo da milha náutica é apresentado aqui como M; contudo não há um acordo geral sobre nenhum símbolo para a milha náutica.

A linguagem da ciência: utilização do SI para exprimir os valores das grandezas

O valor de uma grandeza é escrito como o produto de um número e uma unidade, e o número que multiplica a unidade é o valor numérico da grandeza, naquela unidade. Deixa-se sempre um espaço entre o número e a unidade. Nas grandezas adimensionais para as quais a unidade é o número um (1), a unidade é omitida. O valor numérico depende da escolha da unidade, de modo que o mesmo valor de uma grandeza pode ter diferentes valores numéricos, quando expresso em diferentes unidades, conforme o seguinte exemplo:

A velocidade de uma bicicleta é aproximadamente

$v = 5,0$ m/s $= 18$ km/h.

O comprimento de onda de uma das raias amarelas do sódio é

$\lambda = 5,896 \times 10^{-7}$ m $= 589,6$ nm.

Os símbolos das grandezas são impressos com letras em itálico (inclinadas) e geralmente são letras únicas do alfabeto latino ou do grego. Tanto letras maiúsculas como letras minúsculas podem ser usadas. Informação adicional sobre a grandeza pode ser acrescentada sob a forma de um subscrito, ou como informação entre parênteses.

Existem símbolos recomendados para muitas grandezas, dados por autoridades como a ISO (International Organization for Standardization) e as várias organizações científicas internacionais, tais como a IUPAP (International Union of Pure and Applied Physics) e a IUPAC (International Union of Pure and Applied Chemistry). São exemplos:

T para temperatura

C_p para capacidade calorífica a pressão constante

x_i para fração molar da espécie i

μ_r para permeabilidade relativa

$m(K)$ para a massa do protótipo internacional do quilograma, K.

---

2 O Dicionário Houaiss da Língua Portuguesa admite a palavra **angstrom** grafada sem o símbolo sobre o "a" e sem o trema sobre o "o".

APÊNDICE SI   **171**

Os símbolos das unidades são impressos em tipo romano (vertical), independentemente do tipo usado no restante do texto. Eles são entidades matemáticas e não abreviaturas. Eles nunca são seguidos por um ponto (exceto no final de uma sentença) nem por um s para formar o plural. É obrigatório o uso da forma correta para os símbolos das unidades, conforme ilustrado pelos exemplos apresentados na publicação completa do SI. Algumas vezes os símbolos das unidades podem ter mais de uma letra. Eles são escritos em letras minúsculas, exceto que a primeira letra é maiúscula quando o nome é de uma pessoa. Contudo, quando o nome de uma unidade é escrito por extenso, deve começar com letra minúscula (exceto no início de uma sentença), para distinguir o nome da unidade do nome da pessoa.

Ao se escrever o valor de uma grandeza, como o produto de um valor numérico e uma unidade, ambos, o número e a unidade devem ser tratados pelas regras ordinárias da álgebra. Por exemplo, a equação $T = 293$ K pode ser escrita igualmente $T/K = 293$. Este procedimento é descrito como o uso do cálculo de grandezas, ou a álgebra de grandezas. Às vezes essa notação é útil para identificar o cabeçalho de colunas de tabelas, ou a denominação dos eixos de gráficos, de modo que as entradas na tabela ou a identificação dos pontos sobre os eixos são simples números. O exemplo a seguir mostra uma tabela de pressão de vapor em função da temperatura, e o logaritmo da pressão de vapor em função do inverso da temperatura, com as colunas identificadas desse modo.

T/K	10^3 K/T	p/MPa	ln(p/MPa)
216,55	4,6179	0,5180	−0,6578
273,15	3,6610	3,4853	1,2486
304,19	3,2874	7,3815	1,9990

Algebricamente, fórmulas equivalentes podem ser usadas no lugar de 10^3 K/T, tais como: kK/T, ou 10^3 $(T/K)^{-1}$.

Na formação de produtos ou quocientes de unidades, aplicam-se as regras normais da álgebra. Na formação de produtos de unidades, deve-se deixar um espaço entre as unidades (alternativamente pode-se colocar um ponto na meia altura da linha, como símbolo de multiplicação). Note a importância do espaço, por exemplo, m s denota o produto de um metro por um segundo, ao passo que ms significa milisegundo. Também na formação de produtos complicados, com unidades, deve-se usar parênteses ou expoentes negativos para evitar ambigüidades. Por exemplo, R, a constante molar dos gases, é dada por:

$$pV_m /T = R = 8{,}314 \text{ Pa m}^3 \text{ mol}^{-1} \text{ K}^{-1} = 8{,}314 \text{ Pa m}^3/(\text{mol K})$$

Na formação de números o marcador decimal pode ser ou um ponto ou uma vírgula, de acordo com as circunstâncias apropriadas. Para documentos na língua inglesa é usual o ponto, mas para muitas línguas da Europa continental e em outros países, a vírgula é de uso mais comum.³

Quando um número tem muitos dígitos, é usual grupar-se os algarismos em blocos de três, antes e depois da vírgula, para facilitar a leitura. Isto não é essencial, mas é feito frequentemente, e geralmente é muito útil. Quando isto é feito, os grupos de três dígitos devem ser separados por apenas um espaço estreito; não se deve usar nem um ponto e nem uma vírgula entre eles. A incerteza do valor numérico de uma grandeza pode ser convenientemente expressa, explicitando-se a incerteza dos últimos dígitos significativos, entre parênteses, depois do número.

Exemplo: O valor da carga elementar do elétron é dado na listagem CODATA (The Committee on Data for Science and Technology) de 2002, das constantes fundamentais, por:

$$e = 1{,}602\ 176\ 53\ (14) \times 10^{-19}\ C,$$

onde 14 é a incerteza padrão dos dígitos finais do valor numérico indicado.

Para informações adicionais ver o website do BIPM **http://www.bipm.org** ou a Publicação completa do SI, 8ª edição, que está disponível no site **http://www.bipm.org/en/si**.
Este sumário foi preparado pelo Comitê Consultivo das Unidades (CCU) do Comitê Internacional de Pesos e Medidas (CIPM), e é publicado pelo BIPM.
    Março de 2006
    Ernst Göbel, Presidente do CIPM
    Ian Mills, Presidente do CCU
    Andrew Wallard, Diretor do BIPM

Todos os trabalhos do BIPM são protegidos internacionalmente por copyright. Este documento em português (Brasil) foi preparado mediante permissão obtida do BIPM. A única versão oficial deste resumo é o texto em francês, do documento original criado pelo BIPM.
Tradução para o português (Brasil) feita pelos Assessores Especiais da Presidência do Inmetro, Físico José Joaquim Vinge, Engenheiro Aldo Cordeiro Dutra e Físico Giorgio Moscati. Este documento está disponível no site do Inmetro: **http://www.inmetro.gov.br**.

---

3 Nota dos tradutores. Por exemplo, no Brasil usa-se a vírgula.

BIBLIOGRAFIA

BABOR, Joseph A. e IBARZ AZNÁREZ, José. *Química General Moderna*. Barcelona: Editorial Marín, 1964.

BRADY, James E. e HUMISTON, Gerard. E. *Química Geral, volumes 1 e 2*. Rio de Janeiro: LTC – Livros Técnicos e Científicos, 1994.

COTTON, F. Albert e WILKINSON, Geoffrey. *Advanced Inorganic Chemistry*. New York: Interscience Publishers, 1967.

GENTIL, Vicente. *Corrosão*. Rio de Janeiro: Editora Guanabara, 1987.

HARVEY, Kenneth B. e PORTER, Gerald B. *Introduction to Physical Inorganic Chemistry*. Reading: Addison-Wesley Publishing Company, 1963.

HOFFMANN, Roald e TORRENCE, Vivian. *Chemistry imagined: reflections on Science*. Washington: Smithsonian Institution Press, 1993.

KAPLAN, Irving. *Nuclear Physics*. Reading: Addison-Wesley Publishing Company, 1969.

LANGE, Norbert A. *Handbook of Chemistry*. New York: McGraw-Hill Book Company, 1966.

MAHAN, Bruce H. *University Chemistry*. Palo Alto: Addison-Wesley Publishing Company, 1966.

MOELLER, Therald. *Inorganic Chemistry – An Advanced Textbook*. New York: John Wiley & Sons, Inc., 1965.

MORRISON, Robert T. e BOYD, Robert N. *Organic Chemistry*. Boston: Allyn and Bacon, Inc., 1963.

PAULING, Linus. *Química Geral*. Rio de Janeiro: Ao Livro Técnico, 1972.

PAULING, Linus. *Uniones Químicas*. Buenos Aires: Editorial Kapelusz, 1965.

OHLWEILER, Otto Alcides. *Química Inorgânica, volumes I e II*. São Paulo: Editora Edgard Blücher, 1971.

RODGERS, Glen E. *Química Inorgânica*. Madrid: McGraw-Hill, 1994.

ROSENBERG, Jerome L. e EPSTEIN, Lawrence M. *Química Geral*. Porto Alegre: Bookman, 2003.

SANTOS, Nelson. *Problemas de Físico-Química – IME • ITA • Olimpíadas*. Rio de Janeiro: Editora Ciência Moderna Ltda., 2007.

SANTOS, Nelson e CAMPOS, Eduardo. *Treinamento em Química – IME • ITA • Unicamp*. Rio de Janeiro: Editora Ciência Moderna Ltda., 2009.

SANTOS, Nelson. *Treinamento em Química – EsPCEx*. Rio de Janeiro: Editora Ciência Moderna Ltda., 2009.

SANTOS, Nelson. *Desafio em Química – ITA • IME • Olimpíadas • Monbukagakusho*. Goiânia: Editora Opirus, 2010.

SANTOS, Nelson. *Treinamento em Química – EsPCEx, 2ª edição*. Rio de Janeiro: Editora Ciência Moderna Ltda., 2011.

SIENKO, Michell J. e PLANE, Robert A. *Química*. São Paulo: Companhia Editora Nacional, 1972.

UCKO, David A. *Química para as Ciências da Saúde*. São Paulo: Editora Manole, 1992.

WOLKE, Robert L. *O que Einstein disse a seu cozinheiro*. Rio de Janeiro: Jorge Zahar Editor, 2003.

Duas informações adicionais:

i) A Wikipedia foi amplamente usada na gestação deste livro:

http://wikipedia.org

e, em particular,mas não exclusivamente,

http://pt.wikipedia.org

ii) As citações bíblicas utilizadas são da edição Revista e Atualizada da tradução de João Ferreira de Almeida.

Aleluia! Louvai a Deus no seu santuário; louvai-o no firmamento, obra de seu poder.
Louvai-o pelos seus poderosos feitos; louvai-o consoante sua muita grandeza.
Louvai-o ao som da trombeta; louvai-o com saltério e com harpa.
Louvai-o com adufes e danças; louvai-o com instrumentos de cordas e com flautas.
Louvai-o com címbalos sonoros; louvai-o com címbalos retumbantes.
Todo ser que respira louve ao SENHOR. Aleluia! ***Salmos 150***

Impressão e Acabamento
Gráfica Editora Ciência Moderna Ltda.
Tel.: (21) 2201-6662